搞懂各種工法和價格，精準分配控制預算！

這樣裝潢，多少錢？

圖片提供＿鉅程設計

目錄 Content

006　　Chapter 1 基礎工程

008　　PART 1 水電
024　　PART 2 地板
044　　PART 3 隔間
054　　PART 4 天花
064　　PART 5 空調
070　　PART 6 門窗
084　　PART 7 樓梯

090　　Chapter 2 裝飾工程

092　　PART 1 塗料裝飾
106　　PART 2 水泥裝飾
116　　PART 3 石材裝飾
134　　PART 4 玻璃裝飾

共＿二三設計 23Design

共＿福研設計

142   Chapter 3 機能工程

144   PART 1 櫃體
154   PART 2 餐廚
166   PART 3 衛浴
182   PART 4 其他機能

190   附錄　專業咨詢 ・ 設計師／廠商資訊

要先提醒你，裝潢絕對沒有「俗擱大碗」這種事！

喜歡的設計可以有百百種，但現實總是很殘酷：預算總會有限！如何精準分配預算，應該是面臨裝潢需求的人最先碰上的煩惱，稍稍做點功課後可能會發現做了 A 工程、B 工程的預算就所剩無幾了，夢想中的居家品質、空間想法與設計似乎難以通通實現⋯⋯

本書囊括 7 項基礎工程、4 項裝飾工程、4 項機能工程，只為了告訴你：即使是同一種裝潢，也會有不同等級的做法與價格，幫助你更能妥善分配預算、做出取捨，把錢花在刀口上。但還是要提醒大家，裝潢中許多事情都是一分錢一分貨，不要妄想用很少的價格就能包山包海，或者凡事都貨比三家、只選擇最便宜的，以免日後問題一大堆，買房裝潢的美事反而成為一場災難。

另外，你知道住宅進行室內裝修時，依國家法規規定，需要申請室內裝修施工許可證嗎？接下來要跟大家釐清裝潢、裝修的差異，看看自己想要的設計、需要進行的工程，是否需要申請審查。

圖片提供＿演拓室內設計

常被遺忘的室內裝修施工許可證與辦理費用

許多人可能以為裝潢、裝修是一樣的，但兩者的定義其實截然不同。住宅在從事室內裝修時，只要是「供公眾使用建築物」或非供公眾使用建築物經內政部認為有必要時，根據「建築法」77 條之 2 規定，是要申請審查許可的。

政府明文規定的室內裝修行為包括：

一、固著於建築物構造體之天花板裝修。

二、內部牆面裝修。

三、高度超過地板面以上一點二公尺固定之隔屏或兼作櫥櫃使用之隔屏裝修。

四、分間牆變更。

以上行為都屬於室內裝修行為，若工程範圍符合「供公眾使用建築物」與室內裝修項目兩個條件，都必須委託「室內裝修從業者」申請室內裝修施工許可證。反之，如果是壁紙、壁布、窗簾、家具、活動隔屏、地氈等之黏貼及擺設等行為，則屬於室內裝潢，便不需要申請。

以台北市一般住宅的辦理行情來說，申請室內裝修施工許可證的總費用為 NT.6 ～ 8 萬元不等，會因各案有無違建或結構變更者、是否需要消防或其他認證者，導致費用有所不同，且北中南的費用也有差異，目前有愈往南費用愈高的現象。而台北市從 2018 年 7 月起，嚴格執行室內裝修審查，為了遏制被檢舉再補件申請的陋習，目前只要被檢舉就可能被建管處直接開罰 NT.6 萬元以上、NT.30 萬元以下的罰鍰，並限期改善或補辦，若逾期仍未改善或補辦，都可連續處罰，必要時更可能強制拆除違規部分。所以要進行室內裝修工程前，一定要了解相關規定或諮詢合格的「室內裝修從業者」以免受罰。

名詞解釋：公眾使用建築物
以一般住家來說，只要六層樓以上的住宅，即符合供公眾使用建築物範圍中的第二十項：六層以上之集合住宅（公寓）。

Chapter 1

基礎工程

你要先知道的 3 件事

1 裝修工程花費可以分為三個部分：基礎工程費用、裝飾工程費用、機能工程費用。所謂的基礎工程包括水電、地板、隔間、天花板、空調、鋁窗、大門、樓梯等基礎的裝修工程。

2 原則上，基礎工程 > 裝飾工程、機能工程。建議裝修前，先尋找信任的設計師估價，用刪去法，從最不必要的裝潢刪除，次要但不影響居住安全的裝潢可視預算調整，或找尋較便宜的替代方案，讓每一分錢都花出它應有的價值。再華麗的設計風格、再完善的居家機能，若基礎工程沒有做好也無福消受。雖說居家裝潢取決口袋的深度，稍一不慎，預算就可能不斷追加而爆表，但基礎工程建議該做的還是要做，調整好房屋體質才能住得安心，再來才考慮裝飾與機能工程。

3 千省萬省，該做的基礎工程絕對不能省。尤其房屋使用久了，因為時間、天氣、地震等因素影響，混凝土碳化，重要支撐房屋的牆面、樑柱可能會產生裂縫；漏水也是造成建材使用年限縮短的原因之一。雖然裝修整體花費並不便宜，但做好此項基礎工程，居住安全才有保障。

PART 1　水電

PART 2　地板

PART 3　隔間

PART 4　天花

PART 5　空調

PART 6　門窗

PART 7　樓梯

■ PART 1 ■

水
電

水電工程與日常生活息息相關，工程內容包括給排水、糞管鋪設、電源配置、電線迴路等。就居家裝潢而言，水電工程是絕對不能省略的項目，無論新成屋或中古屋，若水電工程從一開始施工不當，漏水、跳電問題可能樣樣來，不僅影響自身和鄰居，嚴重的話甚至還會影響居家安全，且事後補救改善也非常麻煩。因此無論找設計師或自己發包，裝潢第一步建議還是要找水電師傅協助全部重新評估，一開始就把電源、網路、冷熱水管等全部確認，從最初就詳加規劃，預算上也不要節省，才能讓日後生活更有保障。

01 配電：新屋不動最省，老屋全換最安全

- 新成屋發現插座不夠用
- 中古屋改造新增一房，多了插座、燈具要安裝

02 擴增配電箱：依照迴路數量多寡，擴增配電箱

- 中古屋或老屋需要更換配電箱

03 水管：新屋盡量不位移，老屋全換更保險

- 區域性漏水需局部更換水管
- 調動衛浴馬桶、洗面台位置
- 後陽台想多一個水槽
- 冷熱水管、排水管全面更換

※ 本書記載之工法會依現場施工情境而異。
※ 本書價格僅供參考，實際價格會依市場浮動而定。

配電

新屋不動最省，老屋全換最安全

鋪設電線管路的估價是相當實際的，以插座、開關和燈具配電的數量來計算，多一個燈具、插座都會讓費用上升，計價方式以口計價，一口即為一個出口的含義。另外還會加上 110V、220V 迴路的費用，此為以迴計價。由於水電都是埋進牆壁、地面的工程，只要重裝電線就必須鑿牆鑿地，因此新成屋盡量不更換電線，以免增加拆除和修補的費用；而中古屋、老屋則是有電壓不足、線路老舊或是更換燈具、插座位置的問題，經常需要全屋重拉，費用相對較高。

👉 材料費用一覽表

種類	特色	計價方式
110V電線	一般選用2.0mm線徑且3芯，具有耐熱特質。	約NT.73元／公尺（2.0mm且3芯的電線）
220V電線	常見有3.5mm²、5.5 mm²、14mm²的線徑，一般選用5.5 mm²且3芯的絞線，線徑較粗能通過的電流較大，不容易燒壞。	約NT.152元／公尺（5.5 mm²且3芯的絞線）
CD管	CD管作為電線穿入的保護管，有硬管、軟管兩種。CD軟管用於燈具的出線處，質地柔軟可調節方向。CD硬管質地堅硬，作為埋入地壁的管線，能耐受水泥的擠壓。	約NT.5元／公尺（4分電管）
PVC管	PVC管作為電線穿入的管線使用，比CD硬管硬，施工較不易，且價格較高。基本房屋在建造時是使用PVC作為電管，也常用於佈線在牆面、天花板的明管管線。	約NT.12.9元／公尺（4分電管）
EMT管	薄鍍鋅金屬管，又稱作電金屬管，一般作為弱電線穿入的管線使用。金屬材質的外觀相當俐落，經常在商業空間、住家作為明管佈線。	約NT.123元／支（4分電管）
CAT網路線	一般使用CAT5、CAT6網路線，目前以CAT6網路線為多。兩者差異在於透過線的不同纏繞方式，可降低訊號干擾。	約NT.399～1,800元／條（依照20公尺、30公尺、50公尺而定，價格不一）

種類	特色	計價方式
出線盒	出線盒作為電線出入的框架支撐，由於需埋入牆面，有鍍鋅與不鏽鋼兩種金屬材質，質地堅硬，可耐受水泥擠壓。一般空間選用鍍鋅材質即可；廚房、衛浴的濕區則建議選用不鏽鋼材質，雖然價格比鍍鋅的高，但能有效防水避免生鏽。	約NT.13～17元／個（依照材質不同而定）
插座蓋板、開關面板	插座蓋板依照插座數量而定，多為二插座、三插座。開關面板則有一至六個的開關組合。插座蓋板、開關面板有歐規、美規等不同規格，形狀也不同，因此開關和插座蓋板必須與出線盒的形狀相符，需在裝修前確認，一旦埋入出線盒後就無法變更面板形狀。	約NT.30～2,000元以上／個（依品牌、材質、插座、開關數量而定）
地板插座	可埋入地板的插座，有彈跳式、按壓蓋板的樣式等。	約NT.900～4,000元以上／組

情境

住進裝修完成的新成屋，卻發現插座不夠用，臥室還想多安排燈具與開關。

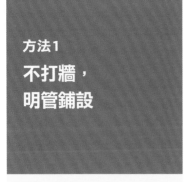

方法1
不打牆，
明管鋪設

連工帶料費用 一式約

NT.5,000元起，
再依照實際裝設的開關、插座、燈具出口的數量，費用會再增加。

（右）在現有空間增設插座時，如果牆的另一面有插座，可鑽牆配置，如無則只好走明管。廚衛等用水區域建議拉高高度，避免清洗時潑濺到，造成電線走火或插座內部生鏽。

🔧 對應工法

規劃燈具圖與弱電插座圖，現場進行放樣定位，確認電管的走位。接著安裝電管，以固定環打入牆面或天花板固定，穿入電線安裝插座或開關，電線再與配電箱進行串接。接上電後，插座可利用電表進行測電，確保電流是否暢通。

📢 注意事項

1. 由於走線在牆面、天花板相當明顯，對於電管安排的走位、整齊度必須更為仔細，並盡可能減少過多的轉角。
2. 在衛浴或廚房增加插座時，要注意避免靠近用水區或地面，以免插座浸水漏電或生鏽。

圖片提供＿＿今硯空間設計工程

方法 2
切割打鑿埋管

打鑿費用
約 **NT.2,500** 元
／式起跳

鋪設電線連工帶料費用
一式約
NT.5,000 元起

電燈、開關、插座配線
出口各為
約 **NT.950** 元／口
（選用 CD 硬管，連工帶
料）、新增燈具迴路約
NT.3,400 元／迴。

同時會額外增加垃圾
處理費 **NT.2,000**
元、 清 運 運 費
NT.10,000 元 ／
車（3 噸半容量的車），
以及泥作、油漆等修補
費用。

（右上圖）新屋牆面進行局部切割時，地面
須作保護工程，有效防止水泥石塊砸傷。
（右下圖）先切割再打鑿，打鑿的精準度才
高，不會敲除過多牆面或地面，避免增加事
後修補的困難。

對應工法

依照燈具圖、弱電插座圖，現場進行放樣後，
牆面或地板先切割出管線路徑再打鑿，敲出埋
藏電管、出線盒的位置。埋入電管，打上固定
環避免移位，電線穿入電管並接進配電箱連接
通電。
接著牆面、地面進行修補，沿著打鑿處填補水
泥砂漿，並以油漆修飾；若在衛浴或廚房新增
電線管路鋪設，水泥填補完還需刷上防水塗料
加強，最後再依照需求貼磚或刷漆。

注意事項

1. 新成屋在裝修時，若有拆除工程時，牆面的
切割打鑿可由拆除師傅一併處理，相對節
省費用。若無，則由水電師傅處理，依照
切割的數量及難易度，費用從 NT.2,500
元／式起跳。
2. 當插座要移位時，以沿用原有管線配置、
不重新打鑿配管為前提進行移動，避免浪
費。

圖片提供＿今硯空間設計工程

攝影＿蔡竺玲、設計施工＿摩登雅舍室內設計

┌ 情境 ┐

30 坪兩房中古屋改造，在配電箱有足夠空間可容納新增迴路的情況下，新增一房，多了插座、燈具要安裝。

方法1

15 年以下的中古屋，其餘空間不抽換電線，僅依照新增的插座、燈具與開關數量而定

連工帶料費用

約 **NT.9,500** 元以上（以 **NT.950** 元／口計算，一房基本有4個電燈配線出口、2個開關出口、4個插座配線出口而定。空調、油煙機等其餘管線另計）。

同時依照配電需求新增迴路，迴路的個別單價為新增燈具迴路約 **NT.3,400** 元／迴、110V專用迴路約 **NT.3,400** 元／迴（選擇CD硬管，連工帶料）。

額外會再增加拆除打鑿、安裝隔間、木作、油漆等費用。

⌁ **對應工法**

在裝修新建的木作隔間前，水電工程通常會先進場，依照施工水電圖進行放樣定位，在預定位置先鋪設好電管線路並穿入電線。電管事先定位，木作隔間工程再進場建置。若是插座還未決定位置，木作隔間也可先進場，架設骨架後僅封上單面板，留出位置等待水電進場。

📢 **注意事項**

15 年以下的中古屋，原有電線尚可繼續使用，但仍依原屋現況而定。若發現插座表面有燒焦痕跡，或是配電箱中發現跳閘，表示電線本身曾有高溫過熱導致斷電的情況，電線已有毀損，為了安全起見，還是建議直接重新配線。

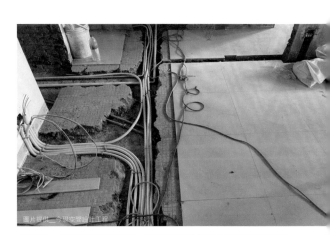

圖片提供_今硯空間設計工程

改造時，當電管線路走地面，需考慮事後修補貼的磚要和原有地磚相同，抑或是泥作修補後直鋪木地板。

13

超過15年以上的中古屋，全屋電線重新配置開關、電燈與插座

連工帶料費用

約 **NT.81,700**元

以 上（以 **NT.950**元／口計算，三房兩廳兩衛一廚兩陽台基本會有42個插座、15個開關與29個燈具配線出口。空調、油煙機等其餘管線另計）。

同時依照配電需求新增迴路，迴路的個別單價為新增燈具迴路約 **NT.3,400**元／迴、110V專用迴路約 **NT.3,400**元／迴（選擇CD硬管，連工帶料）、220V專用迴路約 **NT.4,000**元／迴（選擇CD硬管，連工帶料）

額外會再增加拆除打鑿、安裝隔間、木作、油漆等費用。

對應工法

15年以上的中古屋，為了避免電線老舊而過熱燒壞的情況，在進行裝修時，通常建議全屋的電線一併更換。牆面、地面進行切割打鑿，埋入出線盒、配線。至於舊有的插座則是拆開面板，確認各自的迴路，使用引線進行抽線及拉線，舊有電線能抽動的就抽換更新，若無法抽動則直接放棄舊有管路，重新配置電線走位，切割打鑿安裝新的電管。同時若格局變更較大，插座、電燈、開關位移太遠，通常也會直接捨棄原管路，重新配電。

注意事項

電管走線超過四個轉角以上，就容易卡住，抽拉舊管線時經常會有抽斷的情形，因此水電師傅估價前會先勘查原屋狀況，考量電管佈線是否需要重新安排。

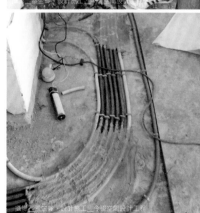

抽拉舊有電線，更換新線，相對能節省多一筆的切割打鑿費用。

擴增配電箱

依照迴路數量多寡，擴增配電箱

裝修水電時，會事先計算所需要插座、燈具以及電器數量，來評估需要多少迴路，像 6 個 110V 插座會是一迴，而功率大的電器像是空調，會採用一組 220V 的專用迴路，以防跳電。通常 110V、220V 的專用插座費用是以迴計價（一般插座費用以口計價）。而一組 110V 迴路會連接一個無熔絲開關，220V 的迴路則會連接兩個無熔絲開關，一組無熔絲開關在裝修用語中通常會簡稱為 1P。這些無熔絲開關會統一安排在配電箱中，所需的迴路愈多，無熔絲開關就會愈多，配電箱尺寸也會愈大。

通常 40 年前老屋的配電箱中大多是 8 組無熔絲開關（以下簡稱為 P）、30 年前的中古屋約在 12P 左右，配電箱尺寸都較小。因此重新裝修時，當原有的配電箱放不下更多 P 數時，就會更換較大尺寸的配電箱，更換的費用則是連工帶料以式計價，一式包含箱體費用、拆裝工資、更新或沿用無熔絲開關等，若施工難度高、無熔絲開關數量愈多，則會再往上增加費用。至於新成屋約在 22 ～ 28P 左右，電箱多半會預留空間可增加無熔絲開關，一般更換的頻率較低。

👉 **材料費用一覽表**

種類	特色	計價方式
匯流排分電箱	俗稱配電箱或開關箱，依照可容納的開關與無熔絲開關的數量，而有不同尺寸大小。在材質上則有白鐵烤漆與不鏽鋼，一般無水的區域像是客廳、玄關，選用白鐵烤漆；若配電箱是安排在陽台或三溫暖區，則要改用不鏽鋼材質，有效防水避免生鏽。	約NT.1,200～4,000元／個（依照可容納的P數、材質而定）
無熔絲開關	作為防止電線過熱短路、用電超載的安全閥。當用電量高時，電線溫度也會隨之升高，進而引發熔斷造成火災。因此當溫度升高的當下，無熔絲開關就能自動關閉，避免用電量持續超載。	以顆計價，110V約NT.115元／顆、220V約NT.176元／顆
漏電斷路器	除了能作為防止用電量過載的安全閥，也能偵測漏電電流，一旦漏電超過一定數值就會自動跳起關閉。通常用在廚房、衛浴、陽台這些用水區域的迴路，有效偵測漏水斷電情況。	以顆計價，NT.400～500元／顆

中古屋或老屋想增加冰箱、冷氣插座，但配電箱不夠大無法容納更多 P 數，需要更換配電箱。

方法1
電箱不移位，在原有位置鑿大換新

費用約
NT.20,000元／式

打鑿切割約
NT.2,500元起跳
另外再加上新增迴路與插座出口的費用，插座約 **NT.950**元／口

110V專用迴路約
NT.3,400元／迴
（選擇CD硬管，連工帶料）

220V專用迴路約
NT.4,000元／迴
（選擇CD硬管，連工帶料）

🔧 對應工法

依照所需的迴路計算 P 數數量，選擇合適尺寸的配電箱。拆除原有配電箱，依照新電箱尺寸打鑿擴大牆面，並嵌入箱體。接著穿入電線，電線匯集至配電箱，與無熔絲開關連接。確認插座、燈具、電器通電後，以水泥填補配電箱周遭空隙，再批土上漆修飾牆面。

📢 注意事項

1. 打鑿範圍要比新電箱的尺寸稍大，留出空隙方便嵌入施工，事後再以水泥填補即可。
2. 舊有的無熔絲開關能沿用就沿用，能節省部分費用。可以試著扳動無熔絲開關，若覺得開關鬆動，表示有跳過電或是老化的狀況，這組電線和開關都要全部換新。

在牆面放樣確認配電箱大小，先切割再打鑿，嵌入的尺寸較精準。

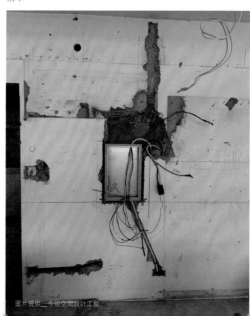

圖片提供＿今硯空間設計工程

方法2
電箱移位，嵌進木作牆

更換電箱連工帶料費用約 **NT.20,000** 元／式

全屋電線重新更換，燈具、電線、插座 **NT.950** 元／口

110V 專用迴路約 **NT.3,400** 元／迴（選擇 CD 硬管，連工帶料）

220V 專用迴路約 **NT.4,000** 元／迴（選擇 CD 硬管，連工帶料）。木作隔間約 **NT.1,200** 元／尺。

🔧 對應工法

通常電箱需要移位的情況多半是因為格局變更，原有位置變得不合適，此時能另做木作隔間嵌入電箱。然而電箱一旦更動位置，就無法沿用原有線路，全屋電線的走位必須重新配置，電管、電線都要重拉，整體成本也會因而拉高。

拆除舊有電箱，新電箱則打入鋼架後固定。依照新的水電圖，牆面、地面放樣後切割打鑿，埋電管、穿入電線，將電線匯集至配電箱，與無熔絲開關串接。等待木工進場後，沿著新電箱的位置釘入骨架封板。

📢 注意事項

重新配置配電箱時，四周要留出方便事後維修的空間，有時也會將配電箱藏進櫃體，櫃體深度建議不能太深，若太深會不方便維修，需要斷電時也才能即時操作。

水電先進場定位管線，木作再沿著定位好的管線施做隔間或櫃體。

圖片提供＿＿今硯空間設計工程

01-3 ▶
水管

新屋盡量不位移，老屋全換更保險

水管工程包含給水、排水和糞管鋪設，在費用的計算上，和電線鋪設相同相當實際，多一個水槽、洗面台、馬桶，就要多新增冷水給水管、熱水給水管、排水管與糞管的鋪設。一管以一口計價，同時依照材質會有不同的價格，以冷水給水管為例，像 PVC 管連工帶料約 NT.2,700 元／口，不鏽鋼材質就稍高，約在 NT.3,800 元／口。而新成屋牆面、地面都已經完工，盡量不要更動管線，一旦更動就須拆牆鑿地，顯得浪費又不划算。而中古屋、老屋則有水管老化、破損的問題，為了避免事後漏水找不到，不如趁著裝修一併全數更新最保險，但費用也相對較高。

👉 材料費用一覽表

種類	特色	計價方式
PVC管	作為冷水給水管與排水管使用，質地堅硬，埋入壁面能抵抗水泥擠壓。一般給水管需要的尺寸為4分、6分與1吋的管徑；排水管需要快速排水的功用，因此管徑較大，一般使用1吋半或2吋的管徑。	約NT.50～80元／公尺（依照管徑、厚度，價格不一）
不鏽鋼水管	可作為冷水與熱水的給水管使用。常見尺寸為4分與6分管徑，4分管徑通常是分支管。另外為了在冬季保持熱水溫度，可以選擇有包覆保溫層的不鏽鋼水管，避免失溫。	一般的不鏽鋼管約NT.110～150元／公尺、包覆保溫層的不鏽鋼管約NT.160～260元／公尺（壓接式）
糞管	也稱作衛生下水管，作為連接馬桶、排放糞便的主要管線。常見尺寸為3吋半與4吋。一般常見橘色和灰色兩種糞管，橘管可以防鏽蝕，比灰管耐酸鹼，建商較常使用。然而一般人裝修選用灰色糞管就夠用，較為便宜。	約NT. 160～540元／支（依照管徑、材質而定）

浴室、陽台等空間發生區域性漏水，需要局部更換水管。

方法1
鑿壁，局部更換埋暗管

連工帶料費用約
NT.5,000元／式

另外需負擔切割打鑿
NT.2,500元，以
及後續水泥填補、防水、貼磚的費用。

（右）發現漏水點時，拆除漏水範圍的牆面或地面，並進行打鑿直至看到水管，打鑿的範圍得比漏水點大一些，方便施工。

🔧 對應工法

尋找漏水源頭，確認位置後，關閉總水閥。切割打鑿牆面或地面，打鑿的範圍要比漏水點大一些，可較全面性的處理，不論是更換或事後修補都較方便；拆除漏水的水管並進行更換，開水確認水管更新處是否處理完成。牆面、地面進行修補，填上水泥沙漿，塗布防水塗料。最後進行貼磚，修補牆面、地面的磁磚則是盡可能找到相同的或類似的磁磚較為美觀。

📢 注意事項

1. 牆面有磁磚的情況下，打鑿時不打到見底（看到紅磚的程度），只要剔除磁磚即可，連 PC 層（水泥層）都不打，避免怕打太深打到其他無需更換的水管，導致增加維修範圍。
2. 中古屋、老屋換完水管後，建議不試水。由於屋齡久遠，水管也跟著老化，其他未更換的水管可能也早已有鬆動或瀕臨破損的情況，一旦試水，就有爆管的可能性。

圖片提供＿今硯空間設計工程

圖片提供＿今硯空間設計工程

想調動衛浴馬桶、洗面台位置。

方法1
採用小幅度移動，
延長水管

費用約
NT.5,000元／式

除磁磚、切割打鑿約
NT.2,500元以上。
額外再加上水泥填補、
防水與貼磚的費用。

🔧 對應工法

新成屋的情況通常不建議大動或更換馬桶、洗面台位置，此時磁磚都已貼完，一旦更改不僅還得多花費去除磁磚、防水與重貼的費用。

若是想微幅調動馬桶、洗面台的位置，糞管位置能不動就不動，給水、排水可以小幅度位移，建議運用延長管線的方式來調整更為省力。在原有的給水或排水管位置切割打鑿牆面，打到新的定位點，取新管線與舊管線相連，PVC 管以套管相連，不鏽鋼壓接管則是壓接串接。以水泥填補牆面，施作防水層，最後進行貼磚。

📢 注意事項

要注意若原先管線材質為 PVC，與之延長相接的管線也要選用 PVC 管，若為不鏽鋼壓接管就選用不鏽鋼壓接管。不同材質的接管方式各有不同，相異材質無法施作相連。

（左）新舊管線的材質務必相同，才能連接施作。（右）不鏽鋼壓接管一旦相接，會在管線連接處留下痕跡，填補水泥前可先確認管線上是否有壓接痕跡，作為監工的評判標準，確保施工品質。

圖片提供＿今硯空間設計工程

攝影＿蔡竺玲、設計施工＿今硯空間設計工程

Ch 1 基礎工程

1 水電

2 地板

3 隔間

4 天花

5 空調

6 門窗

7 樓梯

方法 2

馬桶、洗面台的位移大，管線位移重做

新增糞管、冷熱水管合計約 **NT.14,000**元以上

切割打鑿約
NT.2,500元以上

衛浴設備安裝約
NT.8,700元／式
（不含材料）

同時會額外增加垃圾處理費 **NT.2,000**元、清運運費 **NT.10,000**元／車（3噸半容量的車），以及拆除、水泥填補、防水與貼磚的費用。

（右上）施工時，排水管線要記得先塞住入口，避免泥塊掉入。（右下）糞管的管徑粗，再加上要有洩水坡度的傾斜，馬桶位移就需要架高地板或下鑿地面至見筋。

對應工法

在不動衛浴隔間，馬桶、洗面台布局位置大幅調動的情況下，為了有效給水、排水與完善防水，除了管線要重拉，通常也需要重新施作防水層與貼磚。

拆除馬桶、洗面台，剔除磁磚。依照水電圖放樣，牆面與地面切割出新管線的走位，埋入糞管連接至原來的管道間，糞管必須架高安排洩水坡度，並減少彎度，才能順利排放，馬桶不堵塞。埋入冷熱水管，與給水管主幹管相接，以固定環與水泥砂漿固定位置，避免行走時踢到。最後進行水泥打底、防水、貼磚工程、安裝衛浴設備。

注意事項

1. 由於糞管的管徑較粗，一旦位移通常會有兩種埋管方式。一種是整個衛浴的地坪需架高15公分，才能有效安排洩水坡度，讓污水順利排放到管道間。另一種是地面下切，打到看見鋼筋，讓糞管下埋，就能避免架高太多，也能保有順暢的洩水坡度。在做完管線的當下，需利用水平儀確認是否有做到洩水坡度。

2 排水管在鋪設時，同樣也要注意洩水坡度，且有需要彎曲角度時，要避免90度角接管，才能確保廢水能確實通過轉角不堵塞。

後陽台想多一個水槽。

方法1
新增水槽

圖片提供__今硯空間設計工程

由於冷熱水管是暴露於牆面上,建議採用有包覆材的不鏽鋼管材質較為耐久。

明 管 鋪 設 費 用 約
NT.5,000元/式

施作管線連工帶料,冷給水配管(不鏽鋼壓接管)約 **NT.3,800元/口**

熱給水配管(不鏽鋼壓接管)約
NT.3,900元/口

排水配管(PVC管)約
NT.2,700元/口。額外還有水槽、龍頭的材料費用。

⚒ 對應工法

一般陽台不太容易會被客人看到,若要在陽台新增水槽,比起埋藏暗管需要花費更多費用與時間的情況,建議直接明管鋪設會更快速實惠。

規劃水管走位,放樣後鋪設冷熱水管,以固定環固定在牆上,而地面排水管也以明管相接到洗衣機的排水孔。連接完成後,安裝水龍頭與水槽,進行開水測試,確認出水、排水狀況。

📢 注意事項

1. 陽台經常需要日曬雨淋,建議選用不鏽鋼材質的冷熱水管,質地耐久防鏽,若有外加包覆層的不鏽鋼管會更好。
2. 注意地排的水管需要連接洗衣機的排水管,不能接到雨水排水管。這是因為雨水排水管排放後,會進入水溝、抽水站,接著進入出海口,沒有經過任何處理,會污染環境。因此要連接洗衣機排水管,進入污水排水管,抽水站處理後再出海。

Ch 1 基礎工程

1 水電

2 地板

3 隔間

4 天花

5 空調

6 門窗

7 樓梯

─── 情境 ───

老屋裝修時，發現熱水管為鍍鋅銅管，冷水管、排水管也老化，需要全面更換。

方法1
全屋更新水管

連工帶料約
NT.45,300元 以上（此費用僅包含新增給排水管，以一廚兩衛一陽台的基本數量計算，費用還會依照不同的給排水管數量而增減）

衛浴設備安裝約
NT.8,700元／式
（不含材料）

同時額外計算全屋拆除、水泥填補、防水與貼磚的費用，還有垃圾處理費 **NT.2,000元**、清運運費 **NT.10,000元／車**（3噸半容量的車）。

↗ 對應工法

拆除原有的水槽、淋浴間等用水設備，打牆鑿壁找到舊有的冷水、給水與排水管線後拆除。重新依照新的水電配置圖，進行放樣定位，安排水管走位。埋入給水管線，冷、熱水管要保持一定距離，以免相互影響送水溫度。給水管打上固定環並以水泥砂漿固定，避免施工過程中踢到移位。給水管線串接完成後，進行閉水測試，確保在高水壓的環境下不會發生爆管，也能確認管線連接是否穩固。

安排排水管線後固定，管線串接完成後，要以水平尺確認洩水坡度，確保排水順暢。注意排水管線連接的角度不能以90度角垂直相接，以免污水卡在轉角影響排水。

📢 注意事項

1. 由於早期的金屬材料不多，老屋水管經常使用銅管或鑄鐵管，久了不僅容易生鏽，也會影響水質，因此只要發現原屋是用銅管或鑄鐵管，建議一律全部更新。
2. 老屋的總水表大多安裝在頂樓，經過長期日曬雨淋，管線也容易老舊，因此裝修時建議總水表後方開始的管線也一併更換。
3. 鋪設排水管時，注意要做洩水坡度。管徑小於75mm時，坡度不可小於1/50（每0.5公尺下降1公分），管徑大於75mm時，不可小於1/100（每公尺下降1公分）。
4. 冷熱水管若有上下交疊排列的情況，熱水管要多包一層保溫層。若交疊處是PVC冷水管，能防止PVC管受熱損壞；若為不鏽鋼的冷水管，則能避免冷熱水管的溫度交互影響而失溫。

（左）冷、熱水管交疊時，熱水管建議需要包覆保溫材，避免互相影響送水溫度。（中、右）水管工程施作完畢後，要進行閉水測試，利用壓力表監測水壓，並測試一小時。藉此確認在高水壓的情況下，水管有確實連接不會爆管。

攝影＿蔡竺玲
設計施工＿今硯空間設計工程

■ PART 2 ■

地板

地板材質的選擇不外乎水泥粉光、磁磚與木地板，分別涉及到泥作、木作工程。不同於傢具的可替換性，地板在裝潢時若沒挑對，入住後又不懂得養護，重鋪重做都是極麻煩困難的大工程，因此務必謹慎思考。此外，中古屋一般都已經鋪有木地板或磁磚等，如果想更換新地板，須先注意老屋磁磚有沒有漏水、嚴重龜裂、隆起等不良狀況，若有，就不太適合直接鋪陳。

01 木地板：為居室氣氛定調帶入溫潤質感

- 毛胚屋要施作木地板
- 換新的木地板
- 特殊作法 plus：增設地暖供暖除濕
- 木地板常見的拼接排列方式

02 無縫地板：獨特紋理與質感無法取代

- 無縫地板施作

特殊作法 plus：自平水泥拉平自然又省工

※ 本書記載之工法會依現場施工情境而異。
※ 本書價格僅供參考，實際價格會依市場浮動而定。

木地板

為居室氣氛定調帶入溫潤質感

木地板能增加屋內溫暖與自然的調性,是六感中影響視覺與觸覺兩大要素的關鍵。具有容易加工、調節溫度、保溫性好、不易結露、耐久性強等特性,並有吸音、隔音、降低音壓等功能,木地板不僅能減少室內噪音污染,其彈性、軟硬適中,更能降低老人與小孩摔傷的危險程度。施工前需注意地面平整度以減少後續狀況發生,一般上,木地板在新成屋裝潢中預算佔比約為 10%,中古屋因有拆除費用約為 15 ~ 20%,計價單位以坪計算。

👉 **材料費用一覽表**

種類	特色	計價方式
超耐磨木地板	對安裝地面平整度需求較高,若地面不平整需重新剔除打底,踩踏會有漂浮空氣感,與壁面接觸點會離縫,需施打矽利康填縫。歐美進口的超耐磨地板磨面花色較台製多樣化。	約NT.2,500~6,000元／坪
海島型木地板	地面平整度克服性較高,較適合台灣潮濕氣候,與壁面僅離縫1~2mm可不施作矽利康填縫。海島型木地板分為耐磨面與實木面兩種,海島型耐磨面木地板多為台製,面料花紋變化較少,海島型實木面木地板則呈現木材自然紋理花色不重複,但實木面仍屬原木,大面積施作日後可能會產生翹曲問題。	約NT.4,000~7,000元／坪
實木地板	由原木切出整塊實木製成,花色不重複且能完整傳達木材溫潤質感,踩踏時有別超耐磨地板人造印刷面的冰冷質感。也因實木需以擊釘跟卡榫方式固定,存在翹曲跟異音的問題,對濕度敏感,造價貴,蟲害問題無法完全根除。	約NT.17,000~25,000元／坪
LVT乙烯基地板	主體是玻璃纖維,有防水、防污與降噪等特性,可選擇石紋或木紋磨面與室內其他木地板搭配,若室內施作木地板可一起完工,省去鋪設磁磚需另外產生的打底與貼磚等費用。常使用在廚房、室內陽台或玄關落塵等區域,單價較超耐磨地板高。	約NT.4,500~5,500元／坪
SPC 石塑地板	主體為混合無機石灰礦物、PVC複合材料與碳酸鈣等原料,具防水、防潮、耐刮與防焰等特性,可用濕拖把清潔,適合有寵物或居住地區較為潮濕的家庭,不過觸感較硬,側邊較銳利需小心收邊。	約NT.2,500~3,500元／坪

種類	特色	計價方式
南方松木地板	通常用在戶外或露天陽台，單價較低、施工快速，但後續養護需求較高，常踩踏的部位約兩年後會開始出現更換問題。	約NT.3,000～5,000元／坪
塑纖木	以木材打碎加塑料做成南方松壓紋樣式，屬環保塑合木，和南方松相比具有無毒、防焰等優點，吸水率低，可改善實木遇水容易翹曲變形的缺點，適合台灣海島型潮濕氣候。成品耐用年限較木材久，是環保景觀建材，但因其塑膠特性會熱漲冷縮，若施工不良容易變形。	約NT.24,000～30,000元／坪（含下方固定鐵架估算）
防潮布/防潮墊	放木地板下方隔絕濕氣使用，通常含在施工工資內。	無單獨計價
夾板	整底順平的工具，通常含在施工工資內。	無單獨計價

── 情境 ──

為了完美構築居家夢想，購買毛胚屋要施作木地板，但屋況只有經過灌漿工序、地板不平整。

方法1
水泥粉光先打底

連工帶料費用
約 **NT.3,000** 元／坪

後續地板施作前的水泥粉光地板，需留 2 ～ 5 天的養護期。

（圖片提供＿寬象空間室內裝修）

↗ 對應工法

需在客變過程就提出泥作打底的水泥粉光地板工程需求，或列入裝潢項目當中。施工方式先確認地板高度後放樣，先以水泥砂漿打底，水泥與中砂比例為 1：3，比例對可減少日後起砂情形，水灰比不能超過 0.8，水太多會減低水泥強度。一般會先加 0.4 ～ 0.6 的水量（一桶水泥砂的水量約佔桶子 4 ～ 6 成），等攪拌後再評估是否需要再加水，最多不能超過 0.8。刮尺刮平表面後開始收水，初凝時邊灑水泥粉邊做鏝平粉光，粉光層是使用有過篩的 1：2 水泥砂。

📢 注意事項

1. 木地板打底的泥作工程在施作完畢後兩天都需到現場潑水，讓水泥表面不要收縮太劇烈造成裂紋過於明顯，後續木地板施作前需留 2 ～ 5 天的養護期。
2. 預埋水管或電管要先施作再進行打底工程，不然打底完才做配管就得重新切開打底，若回復不平整有可能會造成日後地板翹曲。
3. 施工前要注意完工地面是否達到安全濕度。
4. 若非全區施作木地板，需注意其他區域泥作與木地板的完成面高度。

中古屋或老屋原地面已鋪有地磚或木地板，
想換上新的木地板。

方法1
有膨拱
最好剔除後施作

僅工錢費用
約 NT.2,000
元／坪

↗ 對應工法

施工前需先在行經路線包括電梯內鋪設夾板與
瓦楞紙保護墊，進行地面與壁面的保護，以及
防塵相關措施如在家門口或窗戶鋪設養生膠
帶，防止屋內拆除灰塵逸散至公共空間與鄰居
家。接著剔除表層的木地板或磁磚，需保留砂
漿層以進行之後的木地板鋪設，拆除完成後將
垃圾裝袋逐步集中，等垃圾量夠一次清運可節
省費用。

📢 注意事項

1. 工程廢棄物載運費用以車次計價，需先與廠
   商確認價格。
2. 拆除前先截斷電源避免觸電。
3. 拆除過程應注意原有的管路電線與插座的鋪
   設狀況，不要大意一併拆掉。

地板拆除是裝潢工程中最常見的項
目，想省錢的話也可以避開拆地板。
木地板拆除完後，要特別留意釘子有
沒有清乾淨。

圖片提供＿演拓空間設計

（左）超耐磨地板的漂浮式施工，是直接在防潮布上、用企口方式連接板材，毋須使用釘槍，不會破壞地板本身，亦可拆除重覆使用。（右）木地板採直鋪工法需底層高低差不超過 3mm。

方法 2
直鋪（漂浮式）施工法最省錢

僅工錢費用

約 NT.1,000 ～ 1,200 元／坪

🔨 對應工法

若原有為拋光石英磚、大理石地板與一般磁磚，高低差不超過 3mm 可採用直鋪工法，先鋪一層防潮布後進行木地板鋪設，或進口高強度防耐磨地板底面已經附有防潮墊則可直接施作。地板與牆面預留伸縮縫，最後以矽利康填縫。此工法適用於超耐磨或 SPC 地板，因不上膠黏和又稱為漂浮式施工。優點為施工速度快價格便宜，不上膠不傷原有地板，日後可拆除重複使用，使用上最不容易有異音出現，但對地面平整度要求高，施作的木地板種類也有限制。

📢 注意事項

1. 若有膨拱現象，可更換磁磚或以水泥填補。
2. 若原為木地板最好全部拆除重新施作，因為後續若發生異音或蟲蛀等狀況，無法判定是原有木地板的問題還是新的木地板出現狀況影響保固權益。

圖片提供__幾禾空內裝修設計

木地板架高工法可增加收納空間。

方法3

方法3
架高施工法完美衝接高低差

僅工錢費用
約 **NT.1,800 ～ 2,500** 元／坪

🔨 對應工法

架高法較常在商業空間看到，因其地板需裝設管溝，一般家中若地坪破損情況嚴重，或兩空間銜接處有高低差，不想用泥作順平，就可使用架高工法，可避免泥作打底的費用。先在地表鋪一層防潮布，架設寸八防腐角材後，在角材上鋪設夾板後即可進行木地板鋪設，最後在地板與牆面的伸縮縫填上矽利康就完工。

📣 注意事項

1. 蟲害機率較高。
2. 完成面高度較高，可能會產生壓迫感。
3. 日後若踩踏脫釘會開始產生異音。

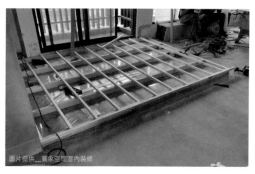

圖片提供__寬家空間室內裝修

角材上鋪設夾板後即可進行木地板鋪設。

Ch 1 基礎工程

1 水電

2 地板

3 隔間

4 天花板

5 空調

6 門窗

7 樓梯

圖片提供＿寬象空間室內裝修

方法 4
平鋪式施工法 克服「小不平」

僅工錢費用

NT.1,200 ～ 1,500 元／坪

對應工法

高低落差在 15mm 以下可使用平鋪法，適合大部分平面地板施作，與直鋪法的差異在多了一片夾層做整平地坪用，例如早期磁磚有圓弧角讓地面形成高低溝縫現象，用平鋪法不需打除磁磚，以四分或五分夾板墊底做順平，可讓地坪落差不明顯。施工方式是在地表鋪上一層防潮布，鋪上夾板後打釘，接下來就可開始進行木地板鋪設，地板與牆面伸縮縫若填補矽利康較不明顯，比架高法不容易產生異音且適用於大部分種類的木地板。

注意事項

1. 由於夾板會打釘做固定，如果原地面沙漿跟磁磚黏著力不夠會造成異音現象。
2. 因施作工法有擊釘方式，務必要確認是否有避開地底管線。

（左）平鋪適合大部分平面地板施作。

特殊作法 plus

增設地暖供暖除濕

連工帶料費用，約 **NT.15,000 ～ 40,000** 元／坪

對應工法

家中如果有老人或小孩，或希望地板踩踏觸感溫暖，可以在地面上鋪設隔熱防潮布或靜音反射防潮層，再鋪上斷熱層、裝上四分夾板，即可開始導熱膜或發熱電纜的鋪設工程，如果裝設發熱電纜需預留電線溝槽，最後架設木地板。

注意事項

1. 新成屋、中古屋、老屋皆可鋪設，新成屋若已鋪好木地板，施工時就需要重新敲開施工。
2. 增設地暖系統後，地板高度將視系統需求增加零點幾公分至數公分，若僅部分

空間鋪設地暖，就需考量裝設後會不會有高低落差或門打不開的問題。
3. 裝地暖系統需要專用迴路的電，因為耗電量較大。
4. 地暖系統不宜搭配強化木地板 (密集板) 與實木地板，海島型木地板對熱漲冷縮較穩定，較適合地暖。
5. 海島型實木地板施作需擊釘，需注意不能釘到發熱電纜或導電膜。
6. 若是全室鋪設，地暖設備應避開永久靜止的地方，如床底下或衣櫃下方等。
7. 導熱膜施工較簡單快速、工序少，價格較便宜，放置在水泥層之上，室內升溫速度快但保溫性差、適合局部空間如和室使用，但怕潮濕不適合安裝在浴室。

木地板有哪些常見的拼貼排列方式可以選擇？

方法1

亂花拼，
施工簡單耗材少

工資約
**NT.1,000 ～
1,300** 元／坪

🔧 **對應工法**

亂花拼又稱亂紋、自然拼，顧名思義為隨性地拼貼，有著施工簡單、快速的優點，損耗通常也會比其他拼法來的少。亂花拼在施工上沒有一定的規則，師傅會依照材料本身的花紋、經驗以及現場狀況臨場判斷來拼貼，常見的做法是先將第一排拼完，再將剩下的材料接續拼第二排，逐漸形成不規律的美感，呈現出來視覺效果非常自然。

亂花拼視覺效果隨性自然。

圖片提供＿福研設計

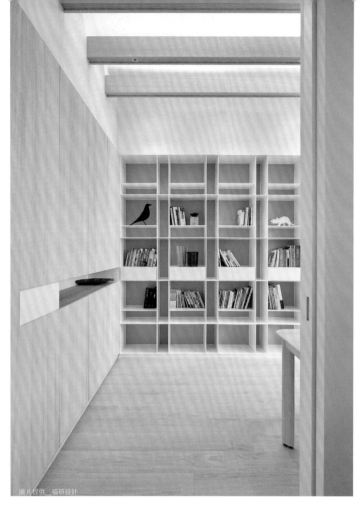

圖片提供＿福研設計

1／3是最常見的木地板拼法之一。

方法2
1／N拼法，
整齊俐落。

工資約

NT. 1,500 ～
1,600元／坪

⚒ 對應工法

1／N拼法主要有1／2拼（又稱對花、對半、1／2交丁、錯拼、勾丁）以及1／3拼（又稱步步高升、階梯狀拼法、1／3交丁）。1／2拼在拼接時，會對齊前一排地板的中間處（即1／2處），排列起來的感覺有點類似紅磚牆，每隔一排看上去都是一致的，顯得很有規律，耗損大約6%～8%。

而1／3拼之所以有步步高升、階梯狀拼法之稱，在於其對齊的落點在地材全長的1／3處與2／3處，每三排是一個循環，拼接起來會形成階梯狀的視覺效果。板材除了全長外，還需要另外裁切1／3、2／3的尺寸才能施作。

斜拼能藉由斜角的視覺差，來平衡不方正空間整體的畸零感。

方法3

斜拼，
不規則空間最適用

工資約

**NT.1,800 ～
2,000元／坪**

🔧 對應工法

對於格局並不方正的空間而言，斜拼比起直向
或橫向的排法，更能降低視覺上不對齊的感
覺。斜拼通常以45度傾斜來拼接，視案場實
際狀況與師傅作法等也會調整角度。

📢 注意事項

若想有延長、放大空間的效果，使用窄長的板
材，效果會比寬短形更佳。

Ch
1 基礎工程

1 水電

2 地板

3 隔間

4 天花板

5 空調

6 門窗

7 樓梯

方法 4

人字拼，經典大器的歐洲傳統工法

工資約

NT.1,800 元／坪

↗ 對應工法

人字拼法因為紋路像「人」字而得名，英文名則是 Herring Bone，有魚骨頭之意。人字拼是歐洲傳統木地板鑲嵌拼花工法的一種，獨特的紋理能為空間增添典雅感，不過其工法繁複且接縫多，需要一塊一塊拼湊接合，膨脹率大的建材較不適用，建議以窄長形的實木、海島型地板較為適合。如果希望得到較佳的視覺效果，建議可以用深淺不同交錯拼接。人字拼耗損約 10％。

圖片提供＿鉅程設計

圖片提供＿鉅程設計

人字拼需要一塊一塊拼湊接合，但完工效果不會令人失望。

方法5

魚骨拼，復古且高雅

工資約

NT. 2,000 ～ 2,200元／坪

圖片提供__質樸地板

魚骨拼隨著板片交錯設計，自然的 V 型賦予地板靈魂。

🔨 **對應工法**

魚骨拼與人字拼工法類似，也常常被人搞混。魚骨拼的英文為 Chevron，在日本也被稱為矢羽根（箭羽的造型花紋），與人字拼法的不同為人字拼通常是 2 個長方條呈人字形交叉鋪排而成，而魚骨拼則會頭尾切出 45 度至 60 度斜邊，使中縫對齊，整體看起來是 V 形圖樣，沒有交錯鑲嵌。由於魚骨拼需要訂製裁切，材料損耗相對來得更高，約 10 ％～ 20 ％，工錢也比人字拼略高。

方法6

正方拼，老宅常見的復古味道

工資約

NT. 2,000元／坪

（右）正方拼常見於老宅中，運用在現代房屋能增添復古感。

🔨 **對應工法**

正方拼又稱田字形、棋盤形，常見於老屋中，是以 3 ～ 5 片小長方形木地板拼接成的一塊完整方形木地板，再用直向或橫向輪流拼貼，打造出像是棋盤一樣的視覺效果，一般來說都是工廠先做好方塊狀後再到現場鋪，常見的尺寸有 45cm、50cm、60cm、65cm。

圖片提供__乘四研究所

無縫地板

獨特紋理與質感無法取代

無縫地板可讓視覺延伸，有放大空間感的效果，有地面無縫不易卡塵容易清潔、水泥材質不會發霉或反潮、以及相較木地板有更優抗刮力等優點，而且每個無縫地板都是師傅手作紋理獨一無二，在不同光源下會呈現出不同色澤與光澤，充滿獨特性。無縫地板施工打底很重要，期間不能有其他工序進場，底塗、中塗與面塗必須連續施工，不過使用一段時間可能會起砂或自然龜裂，地震後也可能有膨拱現象。無縫地板因屬獨特工法，不管是新成屋與中古屋在裝潢預算均佔比皆為 20 ～ 30%，計價單位以坪計算。

👉 材料費用一覽表

種類	特色	計價方式
水泥粉光	最基礎的水泥裝飾工法，以水泥砂漿為主原料，受原料品質、師傅經驗和施工手法影響，紋路及色澤皆有不同。水泥粉光可塑性高、保暖性佳，但使用日久會有變色、易裂和起砂，可在上面塗佈一層環氧樹脂保護。	連工帶料約 NT.2,000～2,500元／坪
Epoxy環氧樹脂	主成分是環氧樹脂，混合母劑與硬化劑調配而成，具有抗酸鹼、耐磨耐髒、止滑不易龜裂、價格低廉可大面積施作等特性，常用於水泥或漆面的保護層。若用於無縫地板需重複塗佈至少五、六次，但表面不耐刮，搬運傢具或重物不能以拖拉方式移動，遇熱表面會形成焦黑，一旦造成龜裂或焦黑無法進行修補。遇水易滑，不建議施作在衛浴或廁所。	連工帶料約 NT.4,500元／坪
磐多魔	為德國ARDEX公司研發的批覆塗層，以無收縮水泥為基礎，是該公司獨家配方建材，可調入色粉創造顏色變化，配上施工手法還可創造獨特性，適合小坪數、空間造型不規則的畸零空間。好清理、不起砂、色彩選擇多元且有防火性，但氣孔易吃色、造價高昂，一旦破損無法修補。	連工帶料約 NT.17,000～18,000元／坪
優的鋼石	以德國Wacker進口原料搭配台灣製造的原料，質感和工法類似磐多魔。磐多魔和優的鋼石都能仿作多種質感，包括磨石子、大理石、亮面、霧面等效果，有獨特手作紋路，但破損無法修補。	連工帶料約 NT.12,000元／坪
自平水泥	質地是比較稀的水泥砂漿，利用水的表面張力原理與地心引力作用，倒下灌漿後經過時間作用呈現自然水平面，不需師傅鏝刀刮平沒有塗抹紋路。因不耐磨容易起砂，通常作為底材拿來填補縫隙使用。	連工帶料約 NT.1,500～2,000元／坪
Mortex	Mortex是來自比利時的礦物塗料，具有獨特細緻的色澤質感與手感紋理，可使用於大面積壁面或地坪營造一致感，有防水功能也可施作於浴室等濕區。任何硬底材皆可施工但需表面平整度高，隨使用習慣可能會有不同程度上的表面損耗，施工養護期較長至少需2～3週以上的時間。	約NT.15,000～20,000元／坪

喜歡無縫地板的效果，除了水泥粉光外還有哪些選擇？

方法1
水泥粉光自然冷調

連工帶料費用
約 **NT.2,000 ～
2,500** 元／坪

✏ 對應工法

毛胚屋混凝土凹凸面較多，如果想施作無縫地板，須先經過水泥粉光讓地面平整，然而水泥粉光其實也是無縫地板的選擇之一。先將素地清潔再進行粗胚打底，施作界面黏著劑增加 RC 素地和打底層的接著力，再用 1：3 水泥砂漿做粗胚打底厚度約 15mm，可加入七厘石增加硬度，水泥砂漿塗佈後再以人工篩砂，把過濾掉顆粒較大的砂粉一邊灑佈一邊鏝平，以確保水泥粉光的完成面更細緻。水泥粉光即使施作良好，長期使用仍會有龜裂、變色的情形。清潔乾淨可施作保護劑如潑水劑、硬化劑、水性壓克力樹脂與 Epoxy 等，水性壓克力樹脂和 Epoxy 會改變水泥粉光色彩，塗布厚度須均勻，否則會產生深淺顏色的差異。

📢 注意事項

1. 水泥須陰乾且水化（硬化）過程要維持一定濕度，因此避免強風或電扇，若風量過強或日光直射要適當遮擋門窗，避免水分太快蒸發造成強度不佳或裂開。
2. 水泥粉光因有毛細孔易吃色，若不慎有髒污無法以拋磨方式去除污漬，局部填補必有色差，施工前後都需要保持空間乾淨，若有家具進場最好將完成面包覆保護。
4. 水泥施工需維持一定濕度，為了避免施作時水從側面或往下滲透造成與鄰居的糾紛，要先於地坪進行防水工程。

圖片提供__本晴設計

Epoxy 地板極不耐刮，使用上需留意避免重物拖移等造成磨損。

方法 2

Epoxy 地面
清爽高防滑

連工帶料費用

約 **NT.4,500** 元／坪

✎ 對應工法

開始面塗前地面一定要清潔乾淨，否則殘留粉塵會造成地面突起，水泥地坪容易產生裂痕。為怕影響到 Epoxy 完成面，需將裂縫先擴大切除再以水泥砂填補裂縫，若地磚或大理石地板可直接施工覆蓋。施工的步驟大致可分成三個部分：底塗、中塗和面塗，依比例調和 AB 兩劑塗佈地面，每道施塗需一次完成，不可分開施作以免產生接縫。完工後建議需放置 3 ～ 7 天以提升材質穩定度，這期間因硬化尚未完成，不可放置重物，否則會有凹陷的情況發生。

📢 注意事項

1. 施作期間需避免蚊蟲進入掉落地面，確保完成面的平整。
2. 若是在磁磚面施作，需先塗上水性樹脂底材將磚縫全面整平，待 3 ～ 5 天的養護後再繼續施工。

方法3

優的鋼石
無縫好清理

連工帶料費用

約 **NT.12,000**元／
坪

🔧 對應工法

先將原有水泥粉光地板的裂縫割開，以環氧樹脂加砂填補。第1次打底先滾塗環氧樹脂做防潮抗裂層增強表面結構強度，放置24～48小時。第2次打底塗上水性樹脂底漆增加接著力，約30～50分鐘會乾燥。接下來施作中塗，將優的鋼石塗抹上去放置7天，乾燥後做3道水性奈米面漆打磨拋光再靜置24小時，最後在外層予以鍍膜好達到防水、防油汙的效果處理。報價基本包括原始地板的裂縫填補，除非狀況太嚴重才會另外收費，施工期約需7～10天。

📢 注意事項

施作時可加上玻璃纖維網減少表層裂縫的機率。

圖片提供＿鉅程設計

優的鋼石完成面
可呈現出大理石
般的天然紋路。

圖片提供＿鉅程設計

圖片提供＿本埴設計

磐多魔的氣孔會隨著時間增加，需定時維護修補。

方法4
磐多魔可調色，
手做紋路獨特質感

連工帶料費用
約 NT.17,000 ～
18,000 元／坪

🔧 對應工法

磐多魔有獨特紋理，具有視覺放大效果，屬於 EPOXY 的進階產品，施工師傅的技法很重要，影響到紋理漂亮與否。施工前水泥素地要特別處理過，不能起沙，敲地也不能有空鼓聲並做一般防潮處理，塗刷 ARDEX 防水膜滿鋪網格布，用無溶劑環氧底塗塗刷地面後撒沙，24 小時後用板刷清理地坪基面，接著進行磐多魔施工。將色漿與 ARDEX K1 攪拌，披刮 ARDEX K1 後撒進口石英沙，靜置 24 小時後用專用打磨機打磨，再用 ARDEX STONE OIL 擦拭二道，最後用 ARDEX DPS101 上蠟。地面施工時必須在封閉的環境內施工，施工不良會有很大機率裂開，表面容易被尖銳物品刮傷，因為有毛細孔，若無定時清潔時會導致吃色。

📢 注意事項

1. 氣孔會隨時間增加，需定時打蠟或拋光打磨做維護修補。
2. 避免重物撞擊或傢具拖拉造成地坪刮痕。
3. 容易吃色若不小心潑灑有色飲料，最好立即擦除避免形成污漬。

方法 5

Mortex 工期需時長，打造防水質感色澤獨特壁地面

連工帶料費用

約 **NT.15,000 ～ 20,000** 元／坪

對應工法

Mortex 是來自比利時的礦物塗料，具有獨特細緻的色澤質感與手感紋理，可使用於大面積壁面或地坪營造一致感。施作前需先討論地面所需效果，打樣程序相當重要，會先製作色板到現場就實際光線效果比對。地坪如為泥作要達到水泥粉光的細緻程度，不嚴重起沙或無嚴重製痕方能施作。若在木地板或磁磚面施作，破裂與膨拱部分需先敲除修補，磁磚溝縫過大則需先整平。若有異材質拼接面以不織布補強避免日後龜裂，五金則需先請水電師傅進行放樣鑽孔。

由於粉塵或起砂會使 Mortex 無法穩固接著產生剝離，通常施作會放在最後一道工序進行，將現場清除乾淨後再進行施工，依照所選擇的樣板鏝刀將顏色堆疊，工期依照施工面積大小而定，施工完畢需留 1 ～ 2 天讓表面乾燥後再進行養護，需時兩周不可有其他工序進入。

🔊 注意事項

1. 有基本施工費用，面積大較划算。
2. 濕氣問題有可能導致從內部產生裂縫。
3. 要在浴室施作時需注意先施作洩水坡，有彈性的防水底材會使 Mortex 破損。
4. 若有複雜的溝縫設計，門片側面、門框等進出複雜的轉角窄邊，最好選擇可打磨或較細緻的材料，避免施作後門片間距過窄影響開合或收邊不完美。

Mortex 若運用在地壁同一材質，能讓空間更有延伸感、更顯平靜。

圖片提供＿非關設計

特殊作法 plus

自平水泥拉平自然又省工

連工帶料費用，約 NT.1,500 ～ 2,000 元／坪

✎ 對應工法

傳統水泥需用水平儀彈出水平線，攪拌好
水泥漿後用鏝刀刮出平整度，自平水泥利
用流體原理讓水泥地自己整平，可降低不
平的機率，一般做 3mm 厚可取代粉光層。
地面用吸塵方式清潔乾淨，過低處做阻隔，
自平水泥加水後成膏狀倒在地面上，用大
支的鏝刀或耙子推平水泥即可，有氣泡要
請師傅先刺破，若要做成水泥粉光地板或
表面上修飾塗料，需等自平水泥完全乾，
至少需養護 4 天，不然日後易裂、膨拱。

📢 注意事項

1. 若原始地平高低差超過 5mm 仍需先用
   傳統水泥打底，高低差過於明顯處會不
   容易乾透。
2. 自平水泥硬度比水泥沙漿低，下雨天最
   好不施工，地面有積水時也不行施工。
3. 不耐磨，表面會起灰，使用硬化劑塗在
   表面使用一段時間後仍會起灰。耐磨型
   自平泥耐磨度不比磁磚，跟一般水泥差
   不多。
4. 自平泥無法做洩水坡度因此不適合做在
   浴室。

圖片提供__林淵源建築師事務所

自平水泥若作面材使用，表面可塗上 Epoxy 或水性壓克力樹脂做保護。

■ PART 3 ■

隔間

隔間，是區分室內空間領域的重要中介，具備隔音、壁面承重、防水等重要功能，主要包括磚造隔間、木作隔間和輕鋼架隔間。除此之外，目前還有輕質混凝土隔間、陶粒板隔間等，輕質混凝土隔間內部需灌漿或保麗龍球，一般居家較少使用；陶粒板隔間則和輕鋼架的施作類似，差別在於表面板材是用陶粒板，可直接承掛重物。

除了需要隔音、吊掛功能之外，隔間在火災之時也能作為一定時間的屏障，讓居住者有餘裕逃生，因此所使用的材質需具有優良的防火時效。同時用在衛浴、陽台、屋頂等濕區，須注意防水功能。

01 隔間：功能決定施作材質變化

• 毛胚屋或中古屋規劃隔間

• 打除原有隔間

• 特殊作法 plus：用系統櫃、雙面櫃取代隔間牆

隔間

功能決定施作材質變化

施作隔間時，先抓房子的前後兩道牆定線來基準稱為放樣，放樣準確性非常重要，尤其中古屋或老屋會因歲月或地震歪斜的情況比較嚴重，如果放樣錯誤，附屬上去的木作櫃體也會變得不合理。常見的隔間類型中，磚造隔間隔音效果最好，但施工較久，現場也較容易有泥濘；木作或鋼架輕隔間的吊掛功能較為不便，需事先確認需求。隔間在新成屋裝潢中預算佔比約為 10％，中古屋因有拆除費用約為 20％，計價單位以坪計算。

👉 材料費用一覽表

種類	特色	計價方式
紅磚	取材容易，隔音佳，人員調度較熟練，但重量是所有隔間材料裡最紮實的。需注意房屋結構是否能承受全部隔間都以紅磚施作，或是部分搭配木作隔間，屬水泥工序的隔間材料。	約NT.3,000元／坪（含粉平粉光）
白磚	全名為高壓蒸氣養護輕質氣泡混凝土磚，是由細砂、石灰、石膏和水混合而成，有防火功能。一塊白磚約是紅磚1/3 重，施工快速污染低，但載重輕、隔音效果差且易吸水，雖不會造成壁癌問題，但牆面不容易乾，多使用在商場或新建案使用，屬水泥工序的隔間材料。	連工帶料約NT.4,000～4,500／元坪
空心磚	外觀像紅磚但內部是空心，優點是施工快速，厚度較紅磚厚，隔音效果佳，但要注意吊掛承重例如掛電視、畫或吊櫃需有特殊配件，因其不像紅磚是實心載重度較高，屬水泥工序的隔間材料。	約NT.3,000～6,000元／坪
矽酸鈣板	矽酸鈣板是以矽酸鈣、石灰質、紙漿等經過層疊加壓製成，具有防潮、不變形、隔熱等特性，是因應室內裝修消防法規常用的耐燃材料，多用在天花板或輕隔間木作工程的覆蓋材。日本製品質最佳，選擇時要注意是否不含石棉的綠建材，才不會對人體有害。	約NT.1,800～2,500元／坪
石膏板	石膏板本身熱傳導率低，材質穩定，不容易受到溫度影響，因此具有隔熱效果，同時剛性較低，遇到地震不易龜裂，具有防火、隔音、耐震等優點，但非常容易斷裂，屬輕隔間木作工程覆蓋材料	約NT.1,500～2,000元／坪
水泥板	有撥水效果的耐燃材料，一般常用在衛浴的輕隔間使用，下方做止水墩，上方以輕隔間角料為架構覆蓋水泥板，散水比矽酸鈣板佳。	約NT.2,000～3,000元／坪

Ch
1
基礎工程

1 水電

2 地板

3 隔間

4 天花

5 空調

6 門窗

7 樓梯

毛胚屋規劃隔間，或中古屋重新規劃較佳的隔間與動線。

方法1

**磚造隔間工期長
隔音佳承重好**

連工帶料費用

約 **NT.5,500** 元／坪

🔧 對應工法

磚造隔間，一般以紅磚施作為主，為傳統的隔間工法。磚牆本身的結構穩固，且具有良好的隔音效果，日後屋主在使用上也較方便，可以在牆上自由釘掛物品。

其步驟為先放樣再訂出垂直基準線（俗稱水線）與水平線，混合水泥砂漿後以交丁方式砌磚，需注意正確的水泥比例，以及砌磚不可一次完成，需等下層水泥砂漿固化後再進行以免發生危險。從砌磚、打底到粉光都需讓水泥逐漸風乾再施作下一步驟，所以施工期是所有隔間工法中最長的，以3房2廳的30坪空間，再加上全屋皆使用磚造隔間的情況下，至少需施作一個月以上。若需預留門窗位置，需在上方處架設預鑄水泥門楣作為磚牆的支撐，長度超過門寬左右各10公分。日後磚牆若不慎遇水，水分和混凝土、磚塊的化學作用會在表面產生壁癌，若想要防止壁癌產生，防水工程要特別注意。

📣 注意事項

1. 紅磚砌磚前要澆置或泡水吸收大量水氣，磚塊間豎縫跟水平縫都要預留至少1公分伸縮縫隙，防止日後地震擠壓造成裂紋。
2. 打底抹水泥砂漿時要潑水，不要讓紅磚在沒有蓄水情況下施工，紅磚會把水泥砂漿當中的水分快速吸乾產生裂紋。

（左）磚牆隔間施工期長，但隔音效果與承重能力佳。
（右）砌牆時，若需預留門窗位置，需在上方處架設門楣，作為磚牆的支撐，長度需超過門寬左右各10cm。

圖片提供＿馥木室內裝修設計

圖片提供＿演拓室內設計

骨架是支撐木作隔間的重要結構。

由於隔間為中空，因此需填入可吸音或隔音的材質，大多使用岩棉或玻璃棉。

方法2

木作隔間注意面料防火性質

連工帶料費用

約 **NT.2,000 ～ 3,000**元／坪

⚒ 對應工法

除了磚造隔間，木作隔間是在住宅中最常使用的隔間工法之一，屬於輕隔間的一種，本身載重輕，適合用在鋼骨結構的大樓中。

木作隔間施工快速，可縮減施工天數。作法為視牆面寬度與高度，以角料為結構，先於地面製作符合面料尺寸的骨架，通常為120公分寬，中間每45公分橫向放置角料，高度視現場狀況而定。以雷射水平儀測量牆面，抓出水平與垂直線後放樣，牆面與天地製作 T 型木料釘上做為骨架固定處，並以此做細部調整牆面凹凸面不一致之處。而後將製作好的骨架放上固定後內置吸音棉，因消防法規目前多以矽酸鈣板作為面材。

📣 注意事項

1. 如果要吊掛物品可用木夾板加強承重
2. 寸八角料最好經防蟲處理避免日後蟲蛀。
3. 開門處會因常開關門容易變形，需多下角料加強。

方法 3
輕隔間施工快速

僅工錢費用
約 **NT.1,500 ～ 2,000**元／坪

🔧 對應工法

輕隔間使用輕鋼架骨料系統，施作前要先將地板面整理好，放樣確認位置，確認開口位置後在天花板與地板打上槽鋼，以擊釘或鎖螺絲的方式固定，上方與後方用雙面膠黏貼吸音棉，中間牆體部分每隔 45 公分放立料，90 公分或 120 公分高度穿插水平支料防止前後變形，外層再加上石膏板或矽酸鈣板的板材。可依照吊掛需求增強部分區域的結構，或是用雙面兩層或三層的矽酸鈣板夾石膏板達到較佳的隔音效果，此施工方式快，價格也比磚牆便宜許多。

📢 注意事項

1. 輕隔間屬快速工程，若有開口開門的水平垂直部分，需木作工班做框架進行校正與強化。
2. 若沒有木作工班加強結構，則需要多加骨料強化防止變形。
3. 輕隔間施工比木作隔間更快，但隔音效果較差，若用在住家需注意噪音問題。

圖片提供＿幾禾室內裝修設計

圖片提供＿幾禾室內裝修設計

輕隔間施工快、價格相較便宜。

玻璃隔間能穿透整個空間，達到放大、延伸的效果。

方法4

整面玻璃隔間
穿透引光源

連工帶料費用

約 **NT.2,000 ～ 2,500** 元／才（以鐵件玻璃為例，鐵價影響整體價格）

⌁ 對應工法

玻璃隔間最好選用強化玻璃等級以上較為安全。先在天花板與地面設置鐵、鋁或木製冂形溝槽，若地板不希望看到溝槽框架，就需先把地板切割，將倒冂形溝槽埋入，千萬不能將整片（鐵件）玻璃直接放在地板上固定，因為地震擠壓或上下地震時會沒有伸縮空間造成玻璃爆開，冂形溝槽內需有軟性材質包覆當襯墊，以免玻璃震動時造成撞擊碎裂。

📢 注意事項

1. 無鐵件的全玻璃隔間需注意尺寸，因玻璃大小有生產限制與運送問題。
2. 落地玻璃隔間的玻璃厚度最好有 8mm 以上。
3. 不適合裝設在熱源強烈處。

方法5
半玻璃隔間保有隱私感兼顧視線穿透性

以木作+鐵件玻璃隔間為例，鐵件玻璃連工帶料費用約 **NT. 2,000 ～ 2,500**元／才

木作隔間連工帶料費用約 **NT. 2,000 ～ 3,000**元／坪

⚒ 對應工法

半玻璃隔間是將磚造或木造隔間與玻璃材質二合一，讓視線範圍有穿透性增加空間感又能兼顧部分隱私。下方台度視需求決定高度，通常有 60 公分或 80 公分，最高可到 190 公分類似氣窗引進光線用。先製作下方台度，視材質磚造或木作來決定工法，可參考磚造隔間或木作隔間作法，上方工法則參考玻璃隔間工法。

📢 注意事項

若隔間處容易接觸到水氣，收邊的矽利康要選用防霉款為佳，寬度不要太寬較為美觀與易於清潔。

圖片提供＿幾禾室內裝修設計

半玻璃隔間能兼具隱私與光源穿透。

中古屋或老屋要更改隔間，需局部打除原有隔間。

方法1
以人工拆除為主，大面磚牆需器械協助

拆除木作

約 NT.500 ～ 800 元／坪

拆除磚造

約 NT.1,200 ～ 1,500 元／坪（大型機具另計）

🔨 對應工法

施工前需先在行經路線包括電梯內鋪設夾板與瓦楞紙保護墊，進行地面與壁面的保護，以及防塵相關措施如在家門口或窗戶鋪設養生膠帶，防止屋內拆除灰塵逸散至公共空間與鄰居家。如要敲除磚牆，地面要加強保護層厚度以免傷到地板，若磚牆面積過大，會以吊掛方式把水泥切割的大型機具運入，將牆體切割成小塊後再行以人工打除，以避免牆體倒塌造成人員傷亡。木作隔間則把面材拆除，再順釘子方向往回打好一根根卸除骨料。

📢 注意事項

1. 為避免拆除結構牆造成建築安全問題，一定要委請合法的室內裝修公司做合法申請，可上內政部營建署建管資訊系統以公司或人名做查詢，因為室內裝修此項業務為內政部登記列管的特許行業。
2. 拆除時如果使用手持式打碎機，不能從牆體最下緣開始打，要從上方水平開始處理，以免牆壁斷根倒塌造成傷亡。
3. 厚度超過 18 公分的磚牆就算是剪力牆，拆了會破壞結構性，並不建議拆除。
4. 拆除現場一定要使用合法鋁梯而非木梯，以確保工安。

Ch
1
基礎工程

1 水電

2 地板

3 隔間

4 天花

5 空調

6 門窗

7 樓梯

特殊作法 plus

用系統櫃、雙面櫃取代隔間牆

木作費用約 **NT.5,000**元／8尺（木作），
超過8尺另計

對應工法

當隔間牆施作之後，考慮到收納機能，還是必須添購傢具，與其施作隔間牆不如考慮用櫃體來隔間，雖然完工費用與木作可能不相上下，但系統櫃多了收納機能，且清潔方便。此外，在相對應的空間裡（例如客廳與餐廳、更衣間與主臥、玄關與客廳）可利用雙開櫃的手法，達到雙面收納的效果。

櫃體隔間如果是木工都是在現場施作粉塵多，好處是彈性大可視使用狀況調整，系統櫃則是先在工廠組裝後到現場組合固定，高度與寬度都有限制，尺寸若不能吻合需補板可能有空間浪費的問題。櫃體隔間需在天花板完成抓出水平高度後才能施工。

注意事項

1. 系統櫃有板材限制，最高到2米7，如果隔間高度2米9就要做補板動作，需看廠商是否願意，而實木料或塑合板都有翹曲變形問題，長度過長開關久門片會有離縫或櫃體變形的情況
2. 如果電視與後方房間使用櫃體取代隔間，需注意會有隔音不佳的問題。
3. 雙面櫃有開櫃門視線穿透問題，中間可加上背板增加隱密性與使用功能。

櫃體做隔間可以多機能使用，高效率利用空間或增加穿透性。

圖片提供＿寬象空間室內裝修

53

■ PART 4 ■

天花

為了美化管線及安裝設備等，一般住家除了原始 RC 層天花，大多會再以木作製作平頂木天花將之隱藏。隨著個人美感及居家風格要求，延伸出除了平頂天花以外，著重於視覺美觀的立體天花、造型天花等。施作天花應從訂定高度開始，需要藏入天花板內的管線、照明、設備以及樑柱等也要列入計算，才能決定出天花板適合的高度，達到隱藏、修飾的效果，在計算高度時應預留設備安裝、維修空間。如果想節省預算，「什麼都不做」是最直接且簡單的做法，即能節省木作費用，也能保留空間高度，對於預售屋或剛完成的新成屋而言，天花多半尚未封起，若能接受管線露出，便能直接省下天花費用。但中古屋一般已有裝潢，想要裸露天花就要承擔一筆拆除費用。

01 天花：施作影響整體風格

• 毛胚屋或新成屋要做天花板

• 不做天花板節省預算

• 拆除原天花板

※ 本書記載之工法會依現場施工情境而異。
※ 本書價格僅供參考，實際價格會依市場浮動而定。

天花

施作影響整體風格

天花板具有隱藏美化燈具、協調整體造型、呼應設計語彙、區隔空間劃分等功用，並承載了空調、公安消防警報與影音等設備，是設計時需考量的重點項目。是否要施作天花板跟整體設計風格有關，做天花板前燈具管線要計畫好，先佈線將電源留在燈具開口附近或預留維修孔，在新成屋裝潢中預算佔比約為10％，中古屋若有拆除費用約為15％，計價單位以坪計算。

👍 材料費用一覽表

種類	特色	計價方式
矽酸鈣板	矽酸鈣板是以矽酸鈣、石灰質、紙漿等經過層疊加壓製成，具有防潮、不變形、隔熱等特性，是因應室內裝修消防法規常用的耐燃一級材料，多用在天花板或輕隔間木作工程的覆蓋材。日本製品質最佳，選擇時要注意是否不含石棉，才不會對人體有害。	約NT.1,800～2,500元／坪
木皮板	木皮板是指在夾板上塗裝實木質感，經常被做為修飾面材，以櫃體運用最普遍，或是做為牆面延伸統一調性，例如和室希望有木材溫潤感，就可將木皮板做為天花板面材，藉此營造溫馨的原木居家風或當成包樑面材使用。	約NT.6,000元／坪
輕鋼架暗架天花	為矽酸鈣板的支撐角料，相較角材單價便宜施工快速，現場污染少。安裝燈具開口位置有限制，放樣需精準，限平釘天花板使用。	連工帶料約NT.2,500～3,000元／坪
企口板	企口板其特色為板材多呈細長型，在兩側有一凸一凹接口，由於企口板拼接完成面會有裝飾效果的溝槽線條，因此常用於牆面或天花的面材修飾，不只可整面鋪貼，也可作為腰牆為空間帶來變化。企口板材質除了實木外，若想用於潮濕區域，也有塑膠材質可供選擇。目前企口板多用在商空的騎樓天花，少用在室內裝潢。	約NT.3,000～4,000元／坪（依木種不同價格也有差異）

─ 情境 ─

毛胚屋或新成屋要做天花板。

**方法1
平釘天花板
最省錢**

連工帶料
約 **NT.3,500 ～
4,500**元／坪

⚒ 對應工法

是指單純將天花拉平封板，將機具管路如吊隱式冷氣排風口或廁所管路隱藏起來，沒有多餘線板裝飾，是最基本的天花板樣式，施作天花板屬裝修前期工程要預先安排。以水平儀先測量基準水平點並放樣，四周牆面做角料固定點，中間則以吊筋作為水平調整的支撐點，確認維修口位置下角料做框，修改調整消防灑水頭高低，水電依圖施工將管線拉好再封板，再幫燈具開孔拉電源線。

📣 注意事項

1. 調整消防水頭高低時記得關閉大樓水源，另外施工完畢後要放水測試是否有漏水。
2. 天花板水平跟矽酸鈣版需前後交錯，不然油漆披上去縫隙會明顯。
3. 封板可能造成感受上空間高度降低的壓迫感，一般屋高若非額外挑高外，均在2米5～3米，封板後約會降低10公分。
4. 天花板燈具孔需要另外計價，開孔費用大約NT.100～150元／個。
5. 天花板所使用的矽酸鈣板與角料是影響價格高低關鍵，實木柳安角料與合板角料有價格差距。

圖片提供＿義禾室內裝修設計

圖片提供＿宸欣室間室內裝修

（左）平釘天花將燈具管線藏起，屬最基本的天花板施工。（右）平釘天花板會挖出燈槽、灑水器等的位置。

圖片提供＿演拓空間設計

立體天花板搭配間接照明，調和室內柔美氣氛。

方法2
立體天花板間接
照明氣氛佳

連工帶料費用
約 **NT.5,000 ～
7,000**元／坪

線板另收，費用約
NT.100 ～ 250
元／尺

🔧 對應工法

立體天花板指的是具高低層次的天花板，以高層次天花跟低層次天花交互建造，用一樣工法去推疊，常見有一字型、L型或口字型組成。以水平儀先測量基準水平點後放樣，四周牆面做角料固定點，再以角料延伸做層次變化，下層天花另做造型施工，如果使用間接光會有加工小立版做造型變化。

📢 注意事項

1. 當高低天花交錯時，先做低天花再做高天花收口會比較漂亮。
2. 通常平釘天花板的窗簾盒、維修孔、冷氣出風口等是另外計價，而立體天花板報價則是包含在內，若是做立體天花板但將窗簾盒或維修孔等另外計價，可能會是雙重報價。
3. 高低天花板視線不及的面最好全部包覆，以免日後堆積灰塵。
4. 若間接照明設在樑下位置，需確認對高度認知是否相同，免得覺得天花板高度過低。
5. 確認維修孔位置，不要封版後才發現沒有預留要重新施工。

方法 3
造型天花板

約 **NT.10,000 ～
20,000** 元／坪

（視造型複雜程度）

⚒ 對應工法

造型天花板指有獨特造型或利用可彎板打造出具曲線的風格天花板，形式變化較大，角料與油漆使用量最大，放樣也變得十分重要。先測量水平垂直線後放樣，確認好天花板管線跟機具功能的開口與維修孔位置，再利用角料延伸造型變化。若造型有不規則面或圓形曲面，會在地面施作造型部分再放上天花板固定，而後再做面材與修飾的整理。

📢 注意事項

要確認灑水頭位置不被造型阻擋灑水功能。

提供＿幾禾室內裝修設計　　　圖片提供＿幾禾室內裝修設計　　　圖片提供＿幾禾室內裝修設計

天花板造型通常會在地面施作，再放上天花板固定。

想要走工業風或 Loft 風格，或決定不做天花板節省預算。

方法1
包樑或局部天花板遮蓋管路

費用

約 **NT.1,200**
元／尺

🔨 對應工法

當預算有限，又不想讓家中的裝潢顯得太過陽春時，可以在天花板採取局部施作的方式，選擇在突兀樑線或想裝飾處作包覆遮掩。RC 樓板上設有出線盒與明管，如果大樑另一邊沒有出線盒線路要繞樑下，通常會用修飾大樑的方式，利用角料厚度走管路。如果樑本身沒有水平，角料也可做局部裁切抓水平，再用板材將線路或明管藏起來，或是把板材做造型吊掛，遮蓋冷氣出風口或糞水管等明顯管路。

📢 注意事項

1. 如果使用木皮板注重底部黏貼密合，千萬不能產生氣泡影響美觀。
2. 如果是毛胚屋施工，需注意磨面很粗糙，要先把鎖釘的粗釘磨掉。
3. 注意包樑高度認知是否相同。

圖片提供＿寬象空間室內裝修　　　圖片提供＿業活輕裝修

（左）局部包覆能修飾突兀的樑柱，降低銳利感與壓迫感。（右）異材質包樑亦是坊間常用作法，例如此案迎合業主寵物宅需求，選用木料做成貓跳台，也別有趣味。

Ch
1
基礎工程

1 水電

2 地板

3 隔間

4 天花

5 空調

6 門窗

7 樓梯

方法2
露明天花板以油漆覆蓋

費用約

NT.1,300 ～
1,500 元／坪（油漆連工帶料，若要整理電線行進走向會較原預算增加40%～50%）

✎ 對應工法

抓高度約為 2 米 7 的水平線以上噴漆，通常以白色、灰色或黑色減低管路明顯感與淡化管路複雜性，露明天花板費用以油漆為主，電線管路要請水電工班以垂直或並排的方式行進才具備工業風格。

📢 注意事項

前期水電要討論好燈具與電線行進位置，因天花板會施作油漆覆蓋，盡量避免修改要重新施作影響預算。

天花板用明管處理方式需注意降低管路明顯感。

圖片提供＿寬象空間室內裝修

（左）天花板裸妝後，燈光電路與冷氣風管等線路無處可藏，為避免凌亂須請水電事先規劃，並以鐵管作外覆包藏，也可利用軌道燈解決電路問題。（下）天花直接裸露、連管線也不做包覆，在許多人眼裡可能是未完成，卻正是 Loft 風的重要特色。

Ch 1 基礎工程

1 水電
2 地板
3 隔間
4 天花
5 空調
6 門窗
7 樓梯

──情境──

中古屋或老屋要變更天花板，需拆除原天花板。

方法1

拆除天花從下往上

費用

約 **NT.1,200 ～ 1,500元／尺**

↗ 對應工法

施工前需先在行經路線包括電梯內鋪設夾板與瓦楞紙保護墊，進行地面與壁面的保護，以及防塵相關措施如在家門口或窗戶鋪設養生膠帶，防止屋內拆除灰塵逸散至公共空間與鄰居家。因老舊天花板狀況不明，拆除前應先截電保護安全，拆除燈具後剔除天花板表層面材後再拆除骨料，以從下方往上拆除的原則進行。

📢 注意事項

1. 以玻璃或壓克力為主材料的流明天花板若要拆除，需先把玻璃板或壓克力板卸下，拆除燈具再做破壞，若直接拆除容易濺射造成人員受傷。
2. 20 年以上的中古屋通常使用長鋼釘，注意拆除時要把釘子折彎，免得人員不小心踩踏直穿腳掌
3. 牆壁上的釘子盡量拔除補土，避免萬一環境濕氣充足日後會出現繡斑。
4. 拆除費用以人工與垃圾清運為兩大主要項目，若不確定可在工程快結束時到場確認拆除工人數量與垃圾清運趟次。

圖片提供＿演拓空間設計

拆除時要特別注意管線，小心不要破壞到灑水頭或消防管線。

■ PART 5 ■

空調

空調已經成為家家戶戶必備的家電，面對炎熱的夏天，每天至少也得開上幾小時冷氣來降溫。空調主要分為分離式與窗型兩種，前者可進一步分為吊隱式和壁掛式，這類型空調需要安裝冷媒管、排水管、室內機等設備，通常必須在木作工程前先進行，以避免管線機器干擾木作角料，影響室內空間的美觀。窗型冷氣為早期最常見的冷氣機型，如今因許多新式建築並未留有窗型孔而無法安裝，多出現在較為老舊的公寓中。選擇空調前，應考量房子的坪數、樓層與是否有西曬等周邊環境，這些都會影響冷氣噸數選擇，如果位處於頂樓或有西曬，噸數建議要多個至少 1 ～ 2 噸，冷房能力才足夠。

01 空調：壁掛式、吊隱式價差小，但吊隱式安裝費用更高

• 房子想安裝空調

空調

壁掛式、吊隱式價差小，但吊隱式安裝費用更高

就分離式空調來説，壁掛式能直接安裝在牆面上，吊隱式則是將機體隱藏在天花板內，前者相對簡單，後者看起來更整齊美觀。若以相同適用坪數來看，吊隱式約略比壁掛式貴幾百元～ NT.2,700 元左右，價差實際上不會太大，然而吊隱式工程較為複雜，必須加裝出風口、迴風口、集風箱等配件，費用還會再增加，因此儘量使用壁掛空調能更省錢。另外，費用上須注意如果室內機的冷媒管到室外機之間的長度超過基本米數的長度，須額外支付材料費用。空調設備由於第一品牌和第三品牌價差大，若真的因預算考量挑選第三品牌，建議儘量購買有變頻功能的機種，長期來看，節省下來的電費比起非變頻更可觀。

👉 **材料費用一覽表**

種類	特色	計價方式
壁掛式空調	主機裝於室外，室內機則裸露於空間中，較吊隱式空調不美觀，但於保養維修時較便利，能自行進行簡單的清潔工作，例如清洗濾網、擦拭外殼等。	NT.27,000 元起跳（3～4 坪，依品牌而定）
吊隱式空調	主機同樣安裝於室外，而室內機隱藏於天花板之中，較為美觀，對天花高度有一定要求（需2米6）。缺點是如果空調設備壞掉或需移機，便須要拆除天花，管線和工程費用也較高。	NT.27,000 元起跳（4～6 坪，依品牌而定）
安裝架	為固定室外機安裝時放置的架子，安裝架的材質有分鍍鋅、不鏽鋼，目前住宅普遍使用鍍鋅材質，使用時效約可5～10年左右，不鏽鋼材質最為耐用，可使用10年以上，但至少比鍍鋅貴一倍。	鍍鋅約NT.1,200 元 不鏽鋼約NT.3,000 元
集風箱	為吊隱式空調安裝的配件之一，最大的功能就是把室內機送出來的冷氣集中起來，冷氣再經由保溫風管傳送到出口集風箱。	約NT.7,000 元/ 個（根據尺寸不同而異）

Ch
1 基礎工程

1 水電

2 地板

3 隔間

4 天花

5 空調

6 門窗

7 樓梯

種類	特色	計價方式
保溫軟管	也是吊隱式空調安裝的配件之一，會與集風箱做銜接。保溫軟管的主要功效是隔熱，所以如果發現軟管有耗損，最好要重新包覆，才不會影響冷氣效能。	約NT.140 元／米
出／迴風口	吊隱式空調的冷暖氣流出風處，有多種造型可選擇，一般常見的是線形，也有搭配裝潢使用的圓形、方形設計。	約NT.600～1,200 元／個
導風罩	高樓層散熱風口加裝導風罩，可以避免外氣直接吹向風扇，產生逆風，又或者是因為棟距太近，擔心熱氣會影響鄰居，這時候也可以加裝導風罩。	約NT.1,500～3,000 元／個（不含工資）
排水管	不管壁掛式或吊隱式空調，皆需裝設排水管，因為冷媒和空氣進行熱交換的時候，空氣中的水分在蒸發器或冰水盤管的表面會不斷凝結成許多水珠，所以需要透過排水管將水分排出設備外，才不會囤積在機體內部。	約NT.1,500 元／組
銅管	通常用在分離式冷氣，用來輸送冷媒，外覆泡棉作保護，避免銅管因為結露而滴水。	約NT.400 ～ 500 元／米

圖片提供＿Yvonne

壁掛式冷氣的風向單一，裝設時要考量出風位置，避免直吹人體。

房子想安裝空調。

方法1
壁掛式空調安裝費用低也好維修

連工帶料費用

約 **NT.27,000** 元起跳（3～4 坪，視品牌而定）

攝影＿＿

若不介意管線外露，也可以明管方式施作。

對應工法

壁掛式冷氣是一般家庭最常使用的款式，因為施工簡單，日後維修保養也方便。預算有限的情況下，可選擇配置壁掛式空調。

在工程開始施工前要先擬定好空調施工計畫，並預留適當空間放置室內與室外機器，也能避免以明管方式進行施作，影響美觀。壁掛式冷氣在木工進場前，室內部分只裝設銅管、排水管、電源等，裝機則為油漆工程退場後。另外注意，壁掛式冷氣排風是單向的，裝設時千萬不能將室內機全部包覆在天花板內只留出風口，四周應該保留寬裕的迴風空間，機器上方需距離天花板 5～30cm 不等，前方則至少需有 30～40cm 不被遮擋，冷氣才能發揮該有的效能。

注意事項

1. 室內機離室外機距離越近越好，其冷媒連接管應該在 10 米以內，這樣除了縮短冷媒管線長度又可增加冷媒效率，也能減少隱藏大批管線的木作面積。
2. 建議安裝在長邊牆，才能讓冷氣在短時間內均勻吹滿空間降低室內溫度（但仍需視現場空間比例及實際生活作息而定）。
3. 室內機水平傾斜超過 5 度以上，容易造成冷氣傾斜漏水，或冷氣排水管不順造成漏水。
4. 壁掛式排水孔銜接處建議應以矽利康作接合，避免長期使用因造成鬆動，導致排水倒流。
5. 若選擇裝設在樑下，最好避免太貼近樑，否則冷氣迴風角度太小，反而讓冷房效果變差。

Ch
1
基礎工程

1 水電

2 地板

3 隔間

4 天花

5 空調

6 門窗

7 樓梯

方法 2
吊隱式空調更美觀

連工帶料費用
約 **NT.27,000** 元
起跳（4 ～ 6 坪，視品牌而定）
安裝費用比壁掛式多
NT.6,000 ～ 10,000 元

⚒ 對應工法

吊隱式空調可以將機體隱藏在天花板內，看起來整齊美觀，通常會建議在公共空間配置吊隱式空調，讓空間視覺達到一致性。吊隱式空調功率大，相對噪音也大，所以設計時一定要預留適當的空間放置機器，才能降低音量。一般上，天花板至少 2 米 6 高才建議安裝吊隱式空調，並留下比機器大 1.3 倍空間放置設備。

施工時，室內機於木工進場前需裝機完畢，首先空調工程師傅會先安排冷媒管與排水管線位置，接著將室內機吊掛於天花板上，並將冷媒管與排水管銜接到室內機上，之後分別安裝集風箱與導風管。安裝完導風管後，換木作師傅進場，以角材骨架施工製作天花板，並在封矽酸鈣板前安置集風箱。接著進行封板動作，並於油漆完成後裝上線形出風口與室外機。

📢 注意事項

1. 記得預留檢修孔，位置建議鄰近機體，開口大小也要能讓雙手方便操作，萬一日後要維修或是拆卸滴水盤清潔也比較方便。
2. 吊隱式空調的進出回風位置要注意，由於風口是線形設計，因此出風口和迴風口的常見配置位置為側出要平行下回或平行側回、下出則在對面下回。
3. 有樑就會影響室內機擺放的位置，連帶讓管線繞樑進行，管線過樑必須得多出 5 ～ 15cm 的空間，這將使天花板高度相對縮減，易容易產生壓迫感。
4. 出風口、迴風口的位置不建議設計在櫃體上方，以免影響出風及回風，降低冷房能力。

（左）吊隱式空調的好處是可以將主機設備隱藏在天花板內，視覺上更美觀，不過記得要預留檢修孔，日後維修保養比較方便。（右）有些以工業風等為主的空間，甚至不需要遮掩吊隱式空調的機體，迴風效能自然也更好。

■ PART 6 ■

門窗

住宅門窗分為對外與室內兩個範疇，玄關門與對外窗向來是阻擋風雨的界面之一，需能承受風壓、阻絕水路，因此施工時，需特別注重防水和結構強度，同時也要考量防盜、隔音等功能。影響門窗價格因素相當多，不同材質、工法、形式、品牌，費用各自不同，也會依施工難易度來調整報價。單就窗戶來說，不同的開窗方式（如橫拉式、推射式與固定式），不同的窗型材質樣式（如氣密窗、廣角窗、防盜格子窗），搭配不同的玻璃等級（一般玻璃、複層玻璃、Low-E 玻璃），價格落差就極大，可依自身預算來挑選。

01 門窗：選對方式輕鬆為家中門窗換新妝

• 想重新換窗戶

• 想換上新門

• 拉門取代隔間

• 阻熱降溫、降噪音的玻璃

※ 本書記載之工法會依現場施工情境而異。
※ 本書價格僅供參考，實際價格會依市場浮動而定。

06-1 ▶

門窗

選對方式輕鬆為家中門窗換新妝

門窗不僅是必要存在，它更兼具銜接內外部關係、氣候、提供機能等作用，無論是重新裝潢還是局部修繕，在更換門窗首要評估環境問題，若空間有人居住，建議以不拆框、新框包舊框的作法，反之則傾向泥作重新立框方式，完整性較高也最為長久。無論是換窗扇還是換門片，其材質均有其厚度，使用前務必要了解原窗框玻璃溝縫、門框門片溝縫能否容納，若不能容納或過重造成承載構件受損，影響使用並出現不好推拉的情況就不好了。

👉 **材料費用一覽表**

種類	特色	計價方式
氣密窗	窗框多以塑鋼和鋁質製成，特殊設計塑膠墊片加上氣密壓條，產生良好氣密性；搭配厚玻璃、膠合玻璃或複層玻璃，能達到良好的隔音與防颱效果。	約NT.1,000～1,200 元／才（進口產品）
廣角窗	特色在於其主體結構突出外牆，造型立體。中間一般為固定式景觀窗設計，兩側搭配可開啟的推射窗，使視野擴大。	約NT.400～900元／才（國產產品）
防盜格子窗	結合氣密、隔音及防盜多重機能於一身。窗格材質一般以鋁質格或不鏽鋼格為主，有些品牌以穿梭管穿入，增加架構強度；有些則是以六向交叉組裝模式，增加阻力。	約NT.1,000 元起／才（其他材料、施作另計）
捲門窗	升降捲門葉片，材質採雙層鍍鋅鋼板或鋁合木板，表面覆有塑化摸，夾層中另包覆PU發泡材，兼具防盜、隔音隔熱等優點，操作方式分為電動開關與手控開關兩種方式。	約NT.1,000～1,400 元／才（電動馬達、其他材料、施作另計）

種類	特色	計價方式
紗窗	主要功用在於阻擋蚊蟲進入室內，如果空間所在沒有景觀的考量，建議搭配傳統紗窗即可，如果希望達到通風和景觀兩全，可選擇可隱藏起來的摺疊式紗窗或是捲軸式紗窗。	一般傳統紗窗會內含於窗戶的報價之中，若是折紗或捲紗則另加價約NT.2,000～3,000元／樘，或150～180元／才
玄關門	為居家安全的第一道防線，需考量材質的強固性、門鎖防盜性、隔音性，另外還需符合防火安全標章。	約NT.45,000元起／樘（依尺寸、門片材質、設計而定，基本款為採用鍍鋅鋼板的設計）
室內門	室內門的形式包括推開門、橫拉門、折疊門，其中橫拉門及折疊門能創造彈性隔間，鋁礦鐵件搭配玻璃門片，還能營造穿透感，使空間運用更多元。	以1片訂製寬90公分、高200公分為例，約NT.1～3萬元（門以夾板製作表面依據貼木皮、塑膠皮、烤漆、刷漆等價格有差異，含工錢但不含五金）；市售規格品1片門以寬90公分、高200公分為例約NT.3,000元以上
三合一通風門	將玻璃門扇、紗窗及防盜飾條三項功能合而為一，並可透過旋轉鈕來調節成全開、半通風、密閉等不同的通風量，一般多用於廚房後陽台。	約NT.12,000元起／樘（其他材料、施作另計）
拉門	依據軌道與滑輪的安裝位置再區分出「懸吊式」與「落地式」形式，前者為上軌道形式，後者為上下軌道形式，此種門片較不易晃。	依門片材料，每扇門以樘或才計價（其他材料、施作另計）
折疊拉門	上下輪、軌道等五金讓門產生開闔移動，門片是經由暗鉸鍊銜接，使門對折時產生「V」字狀，門片能輕鬆被收起與展開。	依門片材料，每扇門以樘或才計價（其他材料、施作另計）
連動拉門	此門是搭配連動五金配件，啟動時相闔拉動門片方式，有分定點式與連動式兩種形式拉門。	依門片材料，每扇門以樘或才計價（其他材料、施作另計）
反射玻璃	在一般清玻璃的表面上鍍上一層或多層的金屬、非金屬及氧化物薄膜來反射陽光。	5mm反射玻璃約NT.140～160元/才 8mm反射玻璃約NT.250～280元/才（其他材料、施作另計）
Low-E玻璃	玻璃基板上以真空濺鍍方式將金屬膜層鍍在玻璃上，能有效阻絕太陽的輻射熱，冬天時也能避免室內熱能散失，有節能玻璃之稱。	5+5mm膠合Low-E膜約NT.450～480元／才（其他材料、施作另計）
複層玻璃	在玻璃之間灌入惰性氣體或做成真空，藉由玻璃之間空氣無法對流來阻絕熱能的傳導，有隔熱、隔音、節能等效果。	5+10（中空層）+5mm複層玻璃約NT.380～420元／才（其他材料、施作另計）

鋁窗老舊變形，常常關不緊，隔音不好，每到下雨也易有雨水噴進來，想重新換窗戶該怎麼做呢？

方法1
乾式施工法，保留外框再包框

價格不一，依照選用的鋁框料、玻璃等而定。
NT.2,000元 起跳
（僅鋁框料與鋁框加工費，其他另計）

攝影＿Yvonne

換窗採取乾式工法，既不會破壞居住環境，施工時間也比較快速。

⚒ 對應工法

乾式施工法即是將原窗戶的外框保留、內框拆除，接著再以新窗框進行包框，由於是舊外框與包框料直料相接、縫隙較大，多半會再以發泡劑去填充之間的空隙，以減少聲音傳導到空間。包完窗戶四周的框料後，還會在包框料內側四角打上矽利康加強防水性能，最後才是安裝內扇、玻璃與紗窗。乾式施工的好處在於施作時間相對短，對環境影響較小，缺點是窗框變厚、窗孔也會變小。

📣 注意事項

1. 如果原窗框已變形、甚至和原本水泥牆之間出現脫勾、產生裂縫，進而使得牆面出現漏水、壁癌等問題，較不建議以此工法為主，因為這只會處理到窗戶本體的問題，原有窗框周圍的防水問題還是會持續。
2. 在新舊框料間主要是以發泡劑做填補，它不像濕式施工以水泥做填補，隔音效果相對會較濕式工法差。

若是選擇濕式施工法，原窗戶四周有漏水問題也能趁此一併解決。

攝影＿＿Yvonne

Ch
1
基礎工程

1 水電

2 地板

3 隔間

4 天花

5 空調

6 門窗

7 樓梯

方法2
濕式施工法，根治漏水壁癌問題

價格不一，依照選用的鋁框料、玻璃等而定。
NT.2,000元 起 跳
（以推射窗為例，僅窗材料費用，其他另計）

✎ 對應工法

濕式施工法則是將舊的窗全部卸下，同時也會一併拆除水泥牆，接著重新安裝新框，外框四周會以灌注方式灌入水泥，讓水泥與鋁窗周圍緊密結合，而後再塗上防水塗層、塞水路（即打矽利康），最後是安裝內扇、玻璃與紗窗。若原本鋁窗四周牆面有漏水、壁癌等問題，採取此工法能一併根治。因施作過程包含水泥工程作業，拆除過中會產生大量粉塵，對環境影響較大，且工期也較長。

📢 注意事項

1. 敲除舊窗時會連同水泥牆一併拆除，過程中可能會造成牆壁龜裂，甚至作為室內外對接的窗也可能會產生外牆磁磚掉落等問題，施作時要加以留意。
2. 若原本牆面就已有漏水問題，在施作時可選用防水性強一點的水泥材料，讓這一區的防水性更紮實些。

不少門片都是建商標配，但樣式我一點也不喜歡，想換上新門該怎麼做？

方法1
不拆門框換門片

價格不一，依照選用的門框料、門扇、五金等而定。一扇門 **NT.2,000 ～ 5,000**元 起 跳（僅門扇，其他費用另計）

↗ 對應工法

不拆門框換門片的作法即是保留原來的舊門框不拆，再請木工重做一個新框，然後以其包覆舊門框，接著再將門扇、門鎖等安裝上去。此作法好處在於新做的門框可換上自己想要的顏色，再者也不會動用到泥作工程破壞到地板、牆面等。比較明顯的缺點是新門片就會被迫縮小。

📢 注意事項

1. 原本門框有既定的承重量，建議換新的門扇最好和之前的門扇接近，以免出現門框承重不足問題，造成安全疑慮。
2. 另外，換門扇時相對應的五金也要一併更換，一來避免發生承重不足的問題，二來合適的五金使用也能比較順利好用。

不拆門框換門片的作法，不會動用到泥作工程破壞到地板、牆面等。

攝影＿Yvonne

攝影＿ Yvonne

剔除舊有門框、門扇的方式，工程雖浩大、施作期也長，但就使用性與安全性來說相對更好。

方法 2
換門框、門扇

價格不一，依照選用的門框料、門扇、五金等而定。一扇門 **NT.2,000 ～ 5,000**元 起 跳（僅門扇，其他費用另計）

↗ 對應工法

換門框、門扇作法，即是重新拆卸掉舊門後，在泥作尚未完成前，先就把門框立好並與牆面結合，再以灌注方式將水泥灌入門框與牆面之間的縫隙，並且依序將牆面抹平，之後再將門片利用鉸鍊與門框銜接在一起，同時再安裝上門鎖等。此作法因會動用到拆除、泥作等工程，敲除過程很可能傷及地板、牆面，也會有粉塵滿天飛，室內環境會比較髒亂，工程浩大施作期也比較長。

📢 注意事項

1. 換門工程多半委由木工或系統廠商施作，前者可依需求量身打造，後者材料多半規格化，選擇可能性不多。
2. 門所使用的鉸鍊上有既定孔洞，安裝時必須將螺絲一一鎖入孔洞中，缺一不可；另也不要以小螺絲鎖大孔洞，很可能使鉸鍊力距受到影響。
3. 正常門片多半安裝 2 個鉸鍊，但也有因門較厚、較高，藉由多增加 1 個鉸鍊來加強穩定度，但切記並非裝愈多愈好，仍要依門的本體、現場環境做評估，另外，多增加五金亦有疊加成本費用的問題。

傳統隔間讓家顯得小又擁擠，
有什麼隔間可以劃分不同格局的同時又能讓彼此獨立呢？

方法1
安裝拉門，懸吊式、落地式供選擇

以廚房訂製約4～5片寬90公分、高200公分拉門，費用約 **NT.1 ～ 3萬** 元（門以夾板製作再依所貼之表面材，價格有差異）

對應工法

拉門主要是依據軌道、滑輪讓門能產生水平移動與開闔作用，其又依據軌道與滑輪的安裝位置再區分出「懸吊式」與「落地式」形式，前者是將滑輪配置在上方，底下無須再增設軌道，但會在底端裝設下門止（即土地公）防止門片左右搖晃，此形式地坪完整、好清潔也不怕被絆倒；後者是將軌道做在上下處，門片相較於單點支撐來得更穩固且不易晃動，但地坪有增設軌道就比較容易積灰塵。

注意事項

1. 懸吊式拉門僅固定在天花板，安裝前要先確認天花板材質、承重力是否足夠，若硬度不夠一定要做補強。
2. 滑輪、軌道、夾具、門止有各個可承載的重量，同時也有固定的搭配（如木門或玻璃門等），若門片有特別重、特別大，在挑選時就要多加留意，以免造成零件超載或鬆脫等情況。
3. 想讓拉門兼具隔間、隔音效果，可在拉門上加裝隔音條，以降低聲音在空間中的傳導。

空間以拉門作為區隔，
打開時維持整體通透性，
關閉時又能確保彼此的
獨立性。

攝影＿Yvonne

攝影＿Yvonne

若想在隔間有點變化可選擇木百葉門扇，不只透光、遮光，還兼具區隔兩空間的功能。

方法 2
安裝木百葉門，保留採光兼具隱私

木百葉 NT.600 ～ 2,000元／才（依各廠商木種、製作方式價格有不同）。

🔨 對應工法

木百葉門窗即 Shutters，一開始多安裝於室外窗上，後來逐漸導入到室內門窗，作為窗戶窗飾也兼具隔間用途。運用在門扇常見橫向推拉式與折疊式等，這兩者亦有「懸吊式」與「落地式」形式，前者僅靠有上軌，後者則有上下軌一起帶動門的運行。無論橫向推拉式或折疊式的木百葉門，展開時均可將門片收起，拉起時則能完全閉合，達到遮蔽的效果。

📣 注意事項

1. 木百葉它雖然有不同材質，但仍帶有重量，安裝前同樣要先確認安裝處承載性是否夠，以加強角料方式做結構上的補強。
2. 木百葉除了實木、合成本，另還有塑鋁材質，若安裝附近濕氣較重，建議可以選取塑鋁材質，較不怕防水性問題。

Ch 1 基礎工程

1 水電
2 地板
3 隔間
4 天花
5 空調
6 門窗
7 樓梯

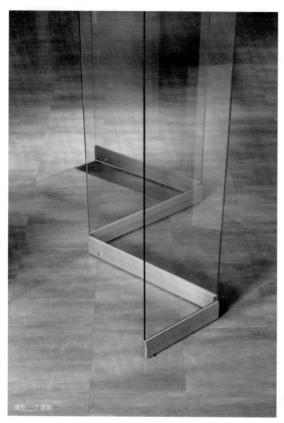

攝影＿江建勳

折門因為有暗鉸鍊做銜接，門在對折時會出現「V」字型。

方法3
安裝折疊拉門，
靈活運用不佔空間

價格不一，依照選用的產品材料、五金等而定

🔧 對應工法

折疊門即門片在收時可一片片對折後收起，拉時又是一片完整展。它主要也是靠上下輪、軌道等五金讓門產生開闔移動外，其最大特色是門片是經由暗鉸鍊（或稱隱藏鉸鍊）銜接，使門對折時產生「V」字狀，1個V對應2門片，依空間決定幾片門。由於暗鉸鍊能嵌入至門片側部內，不怕五金會外露影響美觀性問題。

📢 注意事項

1. 折疊門在不裝下軌的情況，建議可以選高載重款式，可承受較高重量之外，也能減少五金維修的機率。
2. 為了保有空間的穿透性，不少人會選以玻璃作為門片材質，建議門片厚度至少10～12mm，安全性相對比較好。

方法4

安裝連動拉門，門片愈多愈佔空間

以訂製約2～3片寬90公分、高180公分或寬90公分、高210公分連動拉門，費用約 **NT.1 ～ 3萬** 元（門以夾板製作再依所貼之表面材，以及隨總寬度、樓板高度等，根據施工難易度價格有差異）

↗ 對應工法

連動拉門固定方式分為懸吊式（天花板置入軌道軸心）與落地式（天花板、地面均有軌道軸心），以門片運作又可區分為定點式連動拉門和連動式連動拉門，前者主要零件為吊輪與軌道；後者除了吊輪、軌道，還會加入互相連結齒條與齒輪，以及附有地導輪或L型導輪，目的在於防止門片運作時晃動。

📢 注意事項

1. 建議安裝連動拉門片數至少2片，至多建議不要超過3片，因為門片愈多所需空間愈大，就會佔用掉其他空間所需坪數。

2. 由於連動拉門的門片有厚度，統一收納起來後，厚度不容小覷，因此在不影響其他空間使用下，一定要預留足夠收納門片的空間，才不會影響美觀性與使用性。

3. 連動拉門固定方式分懸吊式與落地式，裝潢前最好先確認想要的拉門安裝方式，若是事後才要考慮安裝，可能涉及相關拆除工程，連帶施工成本就會增加。

攝影＿江建勳

攝影＿江建勳

安裝連動拉門時門片數量要仔細考量，並非門片數愈多就愈好。

我家是西曬又鄰高架，家裡好熱又有噪音干擾，
聽說有的玻璃能阻熱降溫、降噪音等，該怎麼選擇？

攝影＿Acme

攝影＿Acme

反射玻璃因鏡面效應關係，
會出現一邊空間較亮、另一
邊空間較暗的情況。

方法1
反射玻璃，
安裝留意正反面

5mm反射玻璃約
NT.140～160
元/才
8mm反射玻璃約
NT.250～280
元/才

🔨 對應工法

反射玻璃就是在一般清玻璃的表面上鍍上一層
或多層的金屬、非金屬及氧化物薄膜來反射陽
光，反射率可達30％以上，不過熱反射玻璃
也因此透光率變得很低，使得室內變得陰暗，
而且，熱反射玻璃會反光，形成對周遭鄰居的
光害。

📢 注意事項

1. 選此玻璃時要留意可見光反射率值，反射率
   愈高代表玻璃造成環境光害程度愈大。
2. 反射玻璃有它自己的正反面位置，安裝時一
   定確認好正面與方向，以免安裝錯誤失去效
   力。

Ch
1
基礎工程

1 水電

2 地板

3 隔間

4 天花

5 空調

6 門窗

7 樓梯

方法 2
Low-E 玻璃，
有效阻絕太陽熱

5+5mm 膠合 Low-E 膜
約 **NT.450 ~ 480**
元／才

✏ 對應工法

Low-E 玻璃又稱為低輻射玻璃，或俗稱節能玻璃，在玻璃基板上以真空濺鍍方式將金屬膜層鍍在玻璃上，能有效阻絕太陽的輻射熱，但卻能保留光線的穿透。它比複層玻璃擁有更良好的節能效果，且反射率也低。

📢 注意事項

1. 由於單片玻璃效果不佳，且金屬膜遇空氣容易有氧化情況，一般會建議以複層形式使用。
2. Low-E 玻璃鍍膜位置是影響室內隔熱的關鍵，安裝時一定確認對的面向，以免安裝錯誤失去功效。
3. Low-E 玻璃的厚度高於一般窗戶玻璃，施工前建議先了解欲更換的窗框是否能夠施作。

（左上）Low-E 玻璃能有效阻絕太陽的輻射熱，具節能效果。

方法 3
複層玻璃，
兼具隔熱隔音效果

5+10（中空層）
+5mm 複層玻璃約
NT.380 ~ 420 元
／才

✏ 對應工法

複層玻璃又稱作為中空玻璃，俗稱隔音玻璃，有隔熱、隔音、節能等效果。通常為雙層或 3 層玻璃，在玻璃之間灌入惰性氣體或做成真空，藉由玻璃之間空氣無法對流來阻絕熱能的傳導，達到節能目的，另也能阻絕音波的傳遞，不干擾鄰居也能創造寧靜的生活環境。

📢 注意事項

1. 複層玻璃除中空層還有 2 ~ 3 片的玻璃厚度，選擇時要留意所選的窗框的玻璃溝槽寬度是否能夠納容納才行。
2. 因為複層玻璃可能是 2 層或 3 層，相對重量也會比較重，也要留意窗框是否能夠承載，以免過重導致承載性受損，進而影響使用反而更不理想。

（左）台中國家歌劇院的建築中就有使用到複層玻璃。

PART 7

樓梯

作為空間穿透的主要結構體，樓梯是供人員上下往來兩層樓之間的結構物，為透天、樓中樓或挑高屋型等複層空間必備的元素。由於牽涉到居家安全，樓梯首重結構穩固安全，從龍骨、踏面、轉折平台、扶手等等銜接面的強度要夠，只要結構設計與施工得宜，無論木梯、鐵梯等材質的樓梯都能穩固可靠。若樓梯開口為無牆面設計，做扶手比較安全，甚至連雙面都是牆壁的樓梯，最好也要在單側設置扶手，加強安全性，並注意梯間寬度。

01 樓梯：結構、踏板、扶手皆能客製化影響價格

• 挑高屋型要增設樓梯

樓梯

結構、踏板、扶手皆能客製化影響價格

以結構來說，樓梯可分為木梯、鐵梯與鋼筋混凝土梯，為客製化的產品，通常本體結構與扶手是分開報價，結構材（龍骨）、踏階、扶手、欄杆材質、是否為便品或訂製，都會影響價格。樓梯踏階以奇數為計算單位，每階高度為 15 ～ 20 公分之間，踏板深度為 25 ～ 30 之間（含上下兩階交錯區各 2 公分）。樓梯長度的計算方式，從地面到第二層空間（含樓板厚度約 15 公分）的總和，除以台階的高度再乘上踏板的深度。樓梯斜度區間範圍為 20 ～ 40 度，30 度左右行走較為舒適。樓梯寬度為 110 ～ 140 公分可讓兩人錯身通行，若空間有限可視情況與需求調整寬度。

👉 材料費用一覽表

種類	特色	計價方式
全木製樓梯	實木樓梯為使用實木板材做全梯結構與踏階扶手，由於樹種種類相當多，對應價位也不同，在選擇前要考慮預算。板與板或與柱之間的結合方式，要事先作確認，會因為結合方式不同而有價差，例如接榫與螺絲鎖合價格就不同。	通常依木種、形式與尺寸統包估價，櫸木透空直梯踏階寬100公分樓高3公尺約NT.10萬元起，油漆另計。
金屬製樓梯	主要建材為不鏽鋼、鐵製兩種，差別在碳元素含量多寡，踏板可分為滿板式、鋼板式或透空龍骨結合木、石、磚等踏板，不論哪一種都要考慮到結合力與支撐力要足夠。預算成本會隨著設計造型與材質造型而有不同，多為客製化報價，可藉此看到設計師的功力與創意。	依設計圖報價，H型鋼龍骨梯約NT.4,500～9,500元／階。
水泥製結構	RC樓梯是建築結構工項之一，牽涉到模板、鋼筋、混凝土三個品項的結合，表面處理有貼磁磚、石材或安裝木地板、塑膠地板等。一般常使用在透天別墅的樓梯，或是樓中樓。舊結構如樓板、牆板的支撐力一定要夠，如果不夠的話會造成新的結構裂縫。	依使用水泥磅數和寬度不同，約NT.80,000～100,000元／梯，不含表面貼覆材料。

Ch
2 基礎工程

1 水電

2 地板

3 隔間

4 天花

5 空調

6 門窗

7 樓梯

種類	特色	計價方式
欄杆扶手	欄杆種類主要有吸壁式與立柱式，根據材質不同有鐵件扶手、純木製扶手、扁鐵上覆木扶手與玻璃扶手等。	・欄杆木製便品視材質與造型NT.300～3,000元以上。 ・扶手以公尺計價，木製隨車枳大小與扶手面造型不同，遇大柱或不滿1公尺以1公尺計算，鐵製NT.6,500元／公尺起跳。 ・安裝工資另計
系統櫃梯	以櫃子作為結構支撐同時結合收納設計的樓梯形式，多半用於挑高屋型增設夾層時使用，由於踏階受限於櫃子高度，行走需注意安全。	高櫃約NT.4,800元／尺，矮櫃約NT.2,800元／尺，超低櫃約NT.2,400元／尺，木抽屜一組約NT.2,100元／組，門片約NT.150元／才。

情境

挑高屋型要增設樓梯。

方法1
全木製樓梯

拆除原有RC樓梯費用
NT.35,000元／梯
起（不含清運費）

櫸木透空直梯踏階寬
100公分樓高3公尺費約
NT.10萬元起（油漆另計）

🔨 **對應工法**

樓梯結構多種，以實木作為結構材的樓梯大多會有單龍骨、雙龍骨兩種形式。單龍骨梯踏階若雙邊都沒有靠牆，長期承受人體上下樓產生的力道，容易搖晃不穩，因此建議不論是單龍骨或雙龍骨木梯，最好有一側的踏板與牆面接合，或是最上面那一踏的踏面與牆壁接合，以增加踏板的強度及穩定性。

樓梯和扶手的木工要處理斜面與轉折角度，加上樓梯要承受一定的上下樓時的重力衝擊，故細部工法上一般裝潢木工較不熟悉，時常發生使用鐵釘或釘槍接合導致強度不足損壞的情形，建議使用粗牙螺絲或雙牙螺絲確實旋緊固定，增強零件之間的摩擦力。木扶手的厚度建議不得小與6公分，否則與欄杆銜接的深度過淺，容易脫開發生危險。

📢 **注意事項**

1. 若是樓梯間長度有限，導致踏階深度不足，此時可讓踏階之間部分重疊，爭取踏階的深度。

（左）要慎選板子厚度，施工前一定要確定厚度，避免造成成本追加；木材本身的韌性、荷重性要能支撐樓梯載重。
（右）實木樓梯結構材多用松木，踏階則以硬木為主，如橡木、柚木，除了整塊運用也有集成拼接實木板。也可透過加工如以鋼刷做出風化效果的紋路，或是染色、刷白、炭烤、仿舊等處理。

💡 TIPS

如何計算踏階數量與踏階深度？

樓高 ÷ 單階高度 = 總踏數

樓梯間長度 ÷ 總踏數 = 踏階深度

2. 龍骨為支撐樓梯的主要骨架，因此一定要確實固定，並掌握「固定兩點」的原則，才不會發生搖晃轉動的情形。
3. 木扶手使用一段時間後發生搖晃或分離的情形，通常是只打風槍釘且膠未塗滿導致。

方法2
鐵製龍骨搭配木製踏階與欄杆扶手

H型鋼龍骨梯費用

約 **NT.4,500 ～ 9,500**元／階，木踏階與欄杆扶手另計。

🔨 對應工法

到現場測量後，計算力學承重確認鋼骨的厚度及是否需要增加斜撐加強，根據測量數據與設計畫出施工圖，再根據圖面在工廠備料製作龍骨，時間根據設計強度約2週到1個月不等，需注意現場電梯或梯間高度，避免無法搬運要改用吊車。

元件製作完成運至現場裝設，有焊接和鎖螺絲兩種固定方式，若為焊接要打磨焊接點、補漆。龍骨式樓梯是否以螺絲鎖合木製踏板，要預留穿孔與鎖合空間。且螺絲要確認平頭或圓頭的螺絲，使用時要注意，並考量美觀問題。

踏板的材質不同，處理與加工方式也不同，要與設計師、工班確認施工方式，最好事先經過圖面說明以及材質確認。同時木踏板厚度也要足夠，至少需3公分以上，如果表面使用的是磁磚或石材，鋼板的厚度以及支撐力要夠。安裝扶手要確認踏板空間是否留足支撐扶手的位

置。樓梯側板的樣式要考慮是否美觀，需不需要做二次表面加工，如木作封板。

📢 注意事項

1. 過長的樓梯且兩側無靠牆的情況下，依照結構需求，可適時在底下做支撐底架，測出垂直點之後要確認是否有垂直。
2. 樓梯本身的鋼材厚度至少要有 5mm 以上，可視現場載重評估是否需要增加厚度。

方法 3
安裝系統櫃梯
增加收納

高櫃費用
約 **NT.4,800 元**／尺
矮櫃費用
約 **NT.2,800 元**／尺
超低櫃費用
約 **NT.2,400 元**／尺

🔧 對應工法

現場測量，工廠備料，現場安裝系統櫃梯，步驟為 Step 1 在每個系統櫃下方安裝調整腳；Step 2 依照測量的高度、圖面，調整每層櫃子的調整腳長度，力求水平一致；Step 3 櫃體接合處先以工具夾緊再打洞鎖上螺絲，避免產生誤差；Step 4 櫃子都以螺絲鎖緊後，再裝設踏板；Step 5 裝設樓梯背板，在櫃子背面安裝一條木條，在木條上面上膠，並以螺絲將背板固定於木條處。

📢 注意事項

1. 跨距不宜過大，避免長期踩踏導致板材下垂彎曲。
2. 板材厚度最好加厚。

（左）系統櫃下方先安裝調整腳以便微調最後的水平，櫃體接合處先以工具夾緊再打洞，避免產生誤差。（中、左）可根據使用需求設計為上掀、側開或抽屜形式的櫃子，最後裝上踏板就具備樓梯功能。

攝影＿蔡竺玲，設計施工＿日作設計　　攝影＿蔡竺玲·設計施工＿日作設計

Chapter 2

裝飾工程

你要先知道的 3 件事

1 一間房子如果只有最基礎的裝修，通常都毫無美感可言，顯得很粗糙，若想為空間創造更多風格，便需要靠裝飾工程來增加美觀。油漆、塗料、大理石、玻璃、水泥等素材都能用於裝飾上，藉此賦予天地壁更完整的視覺美感。

2 如果真的預算不足，建議以基礎工程為優先，裝飾工程可視能力陸續增加。例如想使用大理石元素但預算較有限，可選擇在電視主牆之類的重點位置應用大理石，透過聚焦式設計，可讓空間質感有效地獲得提升，或者選用較常見的、產自本地或東南亞的石種，或從類似花色的幾種大理石裡選擇價位較低者。切記，裝飾工程應當量力而為，做愈多裝飾，預算肯定會愈高。

3 新成屋與中古屋在裝飾工程的預算分配比例會有很大的不同，一般上新成屋可以在預售時進行客變，因此可以省下格局變動所需的費用，將比較多的預算比例放在裝飾工程與機能工程上。相反，中古屋視屋況可能需要調整格局或解決漏水等問題，大多數費用都需要花在基礎工程上。不過，中古屋也因為較老舊緣故，許多屋主可能希望也能有預算重新進行風格裝飾，這部分建議先列出優先執行項目，有所取捨才能精準分配預算。

PART 1　塗料裝飾

PART 2　水泥裝飾

PART 3　石材裝飾

PART 4　玻璃裝飾

塗料裝飾

無論是新居落成、中古屋大肆改裝，抑或是居家小換表情，為牆面上妝漆飾，幾乎是所有裝修工法中最基礎、也最具效果的變裝工程。事實上，漆作不僅是能為空間增色添彩，同時也兼具保護牆面的作用，尤其塗漆施工的工法簡易，工具與材料也相當普及。對於塗料裝飾而言，漆面優劣的關鍵在於表面是否平整，牆面可以透過補土刷平的方式，為後來上漆工序打好基礎，切記：塗料裝飾就像化妝一般，從膚質、底妝到彩妝，一個步驟不對就會影響整體。

01 塗料裝飾：空間中的視覺魔術師

- 牆面平整度影響塗漆工程
- 塗料施工工法選擇
- 以塗料做出特殊精緻的空間視覺效果
- 預算有限，但希望壁面多些變化
- 特殊作法 plus：日本淡路紅土中摻入稻稈

※ 本書記載之工法會依現場施工情境而異。
※ 本書價格僅供參考，實際價格會依市場浮動而定。

01-1 ▶

塗料裝飾

空間中的視覺魔術師

塗料裝飾發展由來已久，只是隨著現代化發展，延伸出愈來愈多的材料和方式可供選擇，像是常見的乳膠漆、黑板漆之外，也多了珪藻土、礦物塗料、特殊塗料等，多樣化的產品和呈現出來的面貌，豐富了空間樣貌。每一種材料特性不同，可以依據空間需求和期望呈現的效果來做篩選，但施工時共同要注意的地方是一樣的，打底的壁面必須平整，才能讓塗料最終呈現完美效果。

👉 材料費用一覽表

種類	特色	計價方式
乳膠漆	最普遍常見的漆料，成分是水溶性壓克力樹脂，粉刷後表面會產生薄膜，具防水防污防霉的效果，顏色持久性也頗佳，但防潮性較差，而且只能平擦，無法在表面做出粗糙面。	連工帶料約NT.800～1,200元／坪
水泥漆	水泥漆是早期最普遍的塗料，可分為水性及油性，但因油性水泥漆（即傳統油漆）多半添加如苯、甲苯等揮發性有機化合物VOC作為溶劑，會造成環境汙染，因此多用於戶外。室內多用水性漆，以水作為稀釋溶劑，成分中不含甲醛、苯等有害化學物質，其優點在於易均勻塗抹、乾得快、覆蓋力佳，雖然與乳膠漆比較起來，水泥漆壽命較短，可能2～3年就會變黃、褪色，且髒污無法完全用水洗去除、抗水性也較差，但較高品質的水泥漆還是可耐擦洗達10,000次。	連工帶料約NT.350～600元／坪
黑板漆	黑板漆中摻有石英粉和磁粉，所以可以在上面書寫及使用磁鐵。因為油性黑板漆帶有毒性物質，建議使用較貴的無毒水性黑板漆。	約NT.200～300元／坪
珪藻土	又名矽藻土，本身具有非常小的孔洞，可吸附濕氣和易味，分解部分有毒物質，改善壁面的壁癌和黴菌問題，不過珪藻土表面較脆弱，完工後須避免大力碰撞造成凹損。	連工帶料約NT.4,500～6,000元／坪

種類	特色	計價方式
礦物塗料	時興的礦物塗料，成分大多天然無毒，又能形塑自然不均勻的層次效果，如果追求環保天然的質感，很適合使用礦物塗料，缺點是單價頗高。	約NT.9,000～12,000元／坪
特殊塗料	和礦物塗料一樣，是近年來新興的裝飾塗料，但相較於礦物塗料的自然質感，特殊塗料通常帶有金屬或石材效果，營造出精緻的視覺效果，不過單價也較高。	連工帶料約NT.7,500～9,500元／坪

情境

進行塗漆工程前，牆面平整與否，對後續施作的差異是什麼？

方法1
牆面平整可直接粉刷，省錢又省時

連工帶料費用
約 **NT.500 ～ 600**元／坪

🔨 對應工法

油漆基本工序為：保護工程→牆面重整→粗批粗磨後再細批細磨→用水泥漆做底漆施作、再二次面漆施作→清潔後完工。牆面上漆或貼壁紙時需要讓平整度更細緻，此步驟稱為「批土」，批土能增加建材表面的細緻度，如此一來，油漆和壁紙才會看起來更平。

一般油漆師傅報價時，多半是連工帶料一起算，除非是特殊製作，否則較少工料分離的。如果想省錢，對工程細膩度不會吹毛求疵，那麼牆面只要夠平整，不需要批土就可以直接上漆了。

📢 注意事項

1. 粉刷前事先檢查有無釘子、膠帶等異物並去除，至於表面的污漬則可不用處理。
2. 若聘請油漆師傅，為了保障自身權益，報價時最好要連使用的漆料品牌也一併標示。

💡 TIPS

如何準確計算出用漆量呢？依據想塗刷空間的地坪面積乘以 3.8 倍，可約略計算出天花板與牆面的塗刷面積量，如果只刷牆面則只需乘上 2.8 倍，接著再依選定產品各自不同的耗漆量，即可估算出需要的用漆量。

如果牆面平整，直接粉刷也能省下批土的時間與費用。

圖片提供＿今硯室內設計

補土時會加入色料，達到標示提醒作用。

方法2
局部批土，
保有品質且油漆
顏色飽和

連工帶料費用
約 **NT.600 ～**
800元／坪

🔨 對應工法

批土主要是以樹脂石膏類的產品將牆面凹洞補平。此步驟很重要，因為若未將牆面批土做得平整，表面坑坑疤疤，無論漆上哪一種漆都無法遮掩瑕疵，會使牆面呈現凹凸不平的質感。不過每批一道土，都是一道錢。當然，批土主要是用來填補牆面凹凸處，所以局部批土用來填補牆面不平整處，同時讓色彩突出。

📢 注意事項

為了保障自身權益，油漆師傅報價時，最好要連使用的漆料品牌也一併標示。

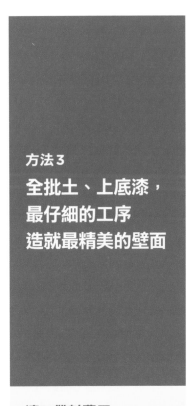

方法3

全批土、上底漆，最仔細的工序造就最精美的壁面

連工帶料費用

約 NT.1,200 ～ 1,500元／坪

⚒ 對應工法

相較於局部批土，全批土是全面性的完整批土，將整個牆面都以批土墊底，填補不平整處，一般先從大面積開始批土，以刮刀取適量批土填平凹洞處，批土的動作可先由主要坑疤區與較大的面積處做起，接著局部小處作「撿補」的動作，直到表面完全平整為止。通常會上至少 2 道工序，連同研磨壁面，讓牆壁像是打了底妝般光滑，再上底漆作為打底。

為了幫牆面做好打底動作，底漆通常會上至2 ～ 3 道，一般師傅常講的「幾度幾面」，其中幾度指的就是幾道底漆的意思。最後才上漆，這樣的壁面表層光滑平整，且持久性高。

📢 注意事項

1. 由於批土會因為乾燥而收縮，所以第一次批土後必須等待至少 4 小時以上，讓批土處固化、收縮，然後再重複動作做第二次批土。
2. 第二次批土等乾燥後打磨並清潔，完成後檢視牆面是否平整，凹洞過大的地方有可能還要再做三次批土。
3. 木作天花板與輕隔間是採用板材封板，需使用專用填縫紙或 AB 膠來填縫並黏著。在批土之前，需上 2 次 AB 膠，上完第一次的AB 膠後需間隔 24 ～ 48 小時以上，再施作第 2 次。AB 膠上完後需等 3 ～ 5 天再批土。

上完底漆後，用工作燈側面打光，是能檢驗牆面是否平整最重要的步驟。

圖片提供＿今硯室內設計

塗料施工有哪些工法可以選擇？

方法1
滾輪塗漆法操作簡單，手感風格強烈

連工帶料，不含批土費用
約 NT.300 ～ 900 元／坪

✎ 對應工法

對樂於 DIY 的屋主來說，親手以滾筒刷出的牆面可以營造出厚實的手作感與人文味，也算是最簡單、不需技巧練習的工法。不過，滾輪刷漆最受人詬病的同樣是漆膜厚、易有刷痕的問題，甚至許多人認為滾輪刷較適合用於外牆。專家建議想要讓滾輪刷漆的效果提升，最好還是以毛刷先上底漆，再以滾筒刷作面漆，另外需配合毛刷來為滾筒無法觸及的位置上漆，並作收邊的細節修飾。

📣 注意事項

1. 滾筒刷雖然速度快，但是施工上最大缺點就是滾筒無法觸及牆面的角落，因此天花板、牆線周邊與凹凸狀的窗門框邊、踢腳線等都需要先用刷子上漆，之後再以滾筒刷從邊牆向內用 W 狀、或直向上下的路徑來回滾動，直至牆面上色均勻為止。
2. 滾筒滾塗時速度如果太快，容易讓塗料濺出或造成塗層不均勻的情形，所以滾塗時應盡量保持均速。

方法2
手刷漆法，刷具最容易取得

✎ 對應工法

這是最普遍而傳統的塗漆工法，可由修繕大賣場或五金行中購得塗料與塗刷工具，即可進行牆面粉刷的工程。徒手刷漆的工法速度礙於刷子面積小，所以施作的工時較久，但不易受牆角或轉折限制，自由度很高，也可有藝術性的創意發揮。

選擇手刷塗漆者，建議將漆料加水稀釋後才不會太稠，可以讓塗料刷動較滑順，也可減少刷痕的產生，但缺點是漆膜若太過稀薄容易透出底漆，所以可依產品說明先加少量水，多調幾次就能找到自己適合的濃度。

連工帶料，不含批土
費用

約 **NT.350 ～**
950元／坪

📢 注意事項

如果擔心手刷牆面容易有刷痕與刷毛問題，找
專業的師傅，還是可以刷出很平整光滑的牆面。

💡 TIPS

刷子是手刷漆工法的靈魂，許多專業師傅指定使用的兔毛排筆可減少掉毛，同時以來回
刷、左右刷與上下刷的多次刷動工法，就可刷出幾乎看不出刷痕的專業水準。

攝影＿蔡竺玲　設計施工＿摩登雅舍室內

攝影＿蔡竺玲　設計施工＿

（左）手刷漆法訣竅在於
來回、左右、上下多次重
複刷，避免留下同一方向
的刷毛痕跡。（右）為了
避免漆料濃稠堵塞噴槍
口，會加水稀釋，導致噴
漆後的膠膜會較薄、色彩
較不飽和，遮蓋效果較
差，因此通常要噴塗 2 ～
3 道面漆，但也容易造成
工程價格飆升。

方法 3
專業師傅才會使用
的噴漆法

🔨 對應工法

噴漆工法屬於專業的油漆師傅才會使用，一般
屋主因為沒有高壓噴漆機，所以較不會選用。
師傅選擇噴漆工法主要在於施工較快速，且漆
面很均勻，尤其使用在天花板上最省力，也可
減少油漆滴落的問題。不過，噴漆最好使用在
空屋，或是將空間中所有物件均妥善包覆，以
免物品或室內裝潢被飄散的漆汙染。此外，比
起其它工法，噴漆前的牆面處理要更平整，比
較講究的師傅每次噴漆後還要做打磨，就是務
求牆面平光無瑕。

連工帶料，不含批土
費用

約 **NT.500 ～**
1,100元／坪

📢 注意事項

噴漆效果要求均勻平光，但底牆若未確實做好
批土工作或只批一次，在補土乾掉收縮後會顯
出凹陷狀，噴漆功夫再好也無法彌補牆面不平
的問題。

方法1
米蘭絲絨漆的
金屬質感，
帶來優美視覺

連工帶料費用

**約 NT.9,000 ～
12,000元／坪**

↗ 對應工法

先將壁面打底，必須確實的讓壁面平整有助於塗料塗染時的完整度。打底後的壁面，等待乾燥後，以攪拌棒將塗料均勻攪拌，再利用抹刀和海綿，一層層的塗抹。為了讓顏色更飽和，至少要堆疊數層的塗料，每一次的抹刷都要耐心等待乾燥的時間，因此工期較長，需要數天甚至到一週時間才能完工。不過特殊塗料的黏著性佳，能夠完整黏附在壁面，不容易產生龜裂或斑駁現象。

📢 注意事項

1. 特殊塗料都很在意表層平整度，因此要請師傅確實的將壁面打底，保持平整狀態。
2. 米蘭絲絨漆可以挑選的顏色約 40 多種，都帶有金屬色澤，在光線下會呈現光影變化，可以請師傅先塗抹一小塊，觀察長時間的光線變化，有助於挑選色澤。

（左）此案呼應壁面旁的大窗戶，在傍晚時天空降下的水藍色風景，於是挑選藍色漆料以堆疊手法營造暈染。（右）不同色調的塗料相織交疊在一面牆上，營造不同的視覺效果。此案因為業主是烘豆師，在藍色漆料中穿插咖啡色，象徵咖啡的氣味一路延伸到空間每個角落。

圖片提供＿弄木人文空間設計

圖片提供＿弄木人文空間設計

圖片提供＿青木人文空間設計

特殊塗料不一定要使用在壁面，也可以利用特性作為空間裝飾品，成為一張小圓桌兼擺飾，增添風采。

方法 2
義大利塗料，
自然的不平整手感

連工帶料費用
約 **NT.7,500 ～
9,500**元／坪

↗ 對應工法

來自義大利的特殊塗料，能夠呈現一種礦物般的粗糙視覺，不平整手感效果讓空間多了分有厚度的溫暖。以木作打底，作出圓柱狀造型，再以帶金色的鏽蝕漆塗抹表層，用堆疊方式一層層疊放漆料，略帶鏽蝕感的金屬漆正是讓表面呈現粗糙感的主因，最後上保護漆來保護表層，完工後的圓柱狀造型可以當裝飾同時也是個小桌面，增添空間美感。

📢 注意事項

1. 形塑出不平整表面，是喜好自然紋路者的偏好，不過如果本身無法接受粗糙表面的人，不建議使用。
2. 雖然表層會上防水漆，但塗料本身不防水，所以不建議放在戶外或長期沾染濕氣。

預算有限，但希望壁面多些變化。

方法1
多色壁面搭配陶磚，
堆疊空間美感

連工帶料費用
約 **NT.4,000 ～ 6,500**元／坪

⚒ 對應工法

漆料是空間內最普遍使用的建材，屬於經濟實惠的裝修材料。可以將壁面分割成 2 ～ 3 個區塊，搭配不同顏色的乳膠漆和建材，一樣可以在不增加太多預算下，創造空間視覺效果。為了讓壁面的顏色更顯飽和且提升耐用度，先粗磨磨掉表層顆粒，以批土打底後，建議上至少3 道以上漆面，完工後的乳膠漆表層會有一層薄膜，具防水性，未來保養時可以用抹布擦拭表面即可。

📢 注意事項

1. 因為乳膠漆的顏色容易產生色差，挑選顏色前，建議先請油漆師傅將顏色塗抹在數處角落，然後觀察不同光影下的顏色變化。
2. 如果想避免未來減少裂縫產生，粉刷前的打底很重要，要確實抹平且處理表面的凹凸顆粒。

陶磚每坪價格比紅磚便宜 3 成，配上蘋果綠跟海軍藍的乳膠漆壁面，用平價的方式增添空間美感。

圖片提供＿Jenny

方法 2
用紙膠帶做出幾何圖形或色塊的壁面

連工帶料費用

約 NT.3,500 ～ 4,000 元／坪

🔨 對應工法

不想壁面單調，但有預算壓力時，請師傅用粉刷在壁面刷上圖樣，就能讓牆面產生各式各樣你所喜愛的圖樣喔！可以是放射狀、不規則幾何或線條狀，端看你想要的感覺，幾乎都能做出來。只要先設定圖案，在壁面用鉛筆畫出圖樣的比例，然後使用紙膠帶黏貼在壁面，作為色彩塗裝時的界線，就能慢慢畫出想要的樣子。

📢 注意事項

1. 進行不同色彩的色塊整合前，建議先在白紙上，測試配色出來的效果。
2. 擔心用色太重會讓室內太暗，可以在打燈處刷上深色色塊，營造區塊氛圍但不影響空間亮度。

（左上）幾何牆面常用於兒童房，但在客廳、玄關等處也可以用幾何線條裝飾，帶來更多活潑的變化。（右上）家中的幾何牆建議不要超過 2 面牆，依此為原則，就不會有過於雜亂的感受。（下）幾何牆面比一般單色油漆牆的施工流程複雜，也要特別注意收邊的部分，以及不同材質的銜接。此案女兒房將小孩的想法納入設計，以山形牆景彰顯各自的獨特性格。

圖片提供＿知域室內設計

牆片提供＿知域室內設計

圖片提供＿知域室內設計

圖片提供＿Jenny

黑白色漸層的漆料處理，讓紅磚搭起的中島立面多些個性。

方法3
批土中摻入黑色
漆料，創造平價化
粗糙手感

連工帶料費用

約 **NT.3,000**
元／坪

🔧 對應工法

喜歡粗糙感的壁面，未必只能選擇高單價的特殊漆料，其實批土的黏著性很適合勾勒視覺效果。一樣先進行打底的動作，讓批土作為基礎後，以抹刀繼續疊抹批土，同時拌入黑色乳膠漆，不均勻地持續塗抹來達到粗糙的表面效果。不過因為批土很容易就乾了，塗抹過程不能耽擱太久，完成後的表層再以砂紙稍微磨平表層的銳利處即可。

📢 注意事項

1. 雖然漆料用得少，工程費用未必減少許多，因為批土的用量會比平常多出將近 5 成用料。
2. 批土黏著性高，又容易乾，施工過程不能太慢才能順利做出效果。

特殊作法 plus

日本淡路紅土中摻入稻稈，調整橘紅色濃淡度

連工帶料費用，約 **NT.9,000~12,000**元／坪

🔧 對應工法

來自日本的淡路紅土，加入水後會呈現橘
紅色，所以會加入稻稈來調整色澤濃淡。
天然稻稈具有吸濕、除臭效果。工法上先
在壁面上底漆，紅土加水、稻稈和一種可
吸附甲醛的粉混拌均勻，以倒角抹刀做塗
抹動作，一層層堆疊，每一層塗抹後都必
須等待確實乾燥後才能再塗抹下一道。塗
料本身無毒健康的特質，是豪宅跟米其林
餐廳的常見建材。

📢 注意事項

1. 紅土本身呈現的橘紅色是天然色澤，怕
   色澤太重的，雖然可以摻入稻稈來緩和
   濃淡，但有一定的摻入比例。
2. 屬於無毒天然的塗料建材，類似珪藻土
   效果具有除濕和除臭效果，也因此每坪
   單價較高。

圖片提供＿弄木人文空間設計

圖片提供＿弄木人文空間設計

圖片提供＿弄木人文空間設計

（左）完工後，淡路紅土呈現一種天然質樸的視覺感。（右上）淡路紅土、稻稈是這款特殊塗料的主原料。（右下）以倒角抹刀
為塗抹工具，一層層抹上壁面。

PART 2

水泥裝飾

水泥，當今最重要的建築材料之一，主要成分由添加物（膠凝材料）、骨料（砂石）及水所組成，藉由調整添加物之內容特性和成分配比，可活用於建築結構、介面底材，或者化身空間風格的裝飾面材。如果想使用水泥作為裝飾素材，須先了解它的特性很「活」，優點包含風格質樸、可塑性高，與獨一無二的紋理表情，但也有許多不可控制因素，並且無可避免表面裂痕產生，僅能透過施工手法盡量降低數量和縮小裂縫。

01 水泥裝飾：各色水泥色澤建材，建構安靜的美學文化

• 營造帶藝術質感的水泥牆面
• 僅以水泥打底呈現水泥魅力

※ 本書記載之工法會依現場施工情境而異。
※ 本書價格僅供參考，實際價格會依市場浮動而定。

水泥裝飾

各色水泥色澤建材，建構安靜的美學文化

水泥的色澤是迷人的，帶著一種質樸舒服的視覺感，彷彿可以淨化生活中的憂煩，讓心靈得到些許平靜。也因此近年來水泥色澤的建材層出不窮，不管是水泥粉光、清水模塗料、仿清水模磁磚、水泥漆或取自水庫淤泥的樂土，都建構空間的水泥質感。過去只有水泥建材時，因為容易有裂痕，喜歡的人自然不在意，但喜愛平整卻又迷戀水泥質感的人，總算也因為這些可呈現水泥色澤的建材，多了更多選擇。

👉 **材料費用一覽表**

種類	特色	計價方式
水泥粉光	分成粗胚打底跟表面粉光兩層，靠調配水泥砂漿來做，所謂的粉光面即是過篩的泥砂。不過水泥粉光本身存在龜裂風險，即使是經驗老道的師傅都無法保證不龜裂。	約NT.2,500～4,000元／坪
後製清水模	源自於日本的厚植清水模，原本是作為修補清水模壁面的材料，但因為可縮短工時且營造出類似效果，開始被廣泛運用。不過因為質地較輕薄，施工期間要避免碰撞。	約NT.9,000～12,000元／坪
仿清水模磁磚	為了避開水泥粉光的龜裂，但一樣保有水泥色澤，愈來愈多廠商生產水泥色的磁磚，不管是運用在壁面或是地板，都添加空間的質樸質感，不過因為大多是進口磁磚，要價較高。	約NT.9,000～12,000元／坪
水泥漆	以水泥為底材的油漆，分成水性和油性兩種。平光水泥漆好塗抹且單價低，又能呈現水泥色澤的粗糙質感，不過持久性不高，很容易就脫落掉色。	約NT.1,000～2,500元／坪
樂土	來自水庫淤泥的樂土，天然無毒且防水透氣，可以塑造出空間的樸實自然氛圍，加上屬於環保建材，近年來成為建材新寵兒。但因為基底是水泥，一樣具有龜裂的風險，只是風險性較小。	約NT.9,000～12,000元／坪

情境

想營造帶藝術質感的水泥牆面。

方法1
灰色樂土層層堆疊
淡雅質感

連工帶料費用

約 **NT.9,000 ～ 12,000**元／坪

⚒ 對應工法

以水泥為基底的樂土，施工前必須要將壁面基底打好，先上底漆等待乾燥後再一層層堆疊。塗抹時為了營造斑駁感，以海綿、菜瓜布或是布來作暈染效果，不過因為需要層層堆疊，所以工時較長，每一次的塗抹都要靜待完全乾燥才能再上下一道。樂土的好處是好修補且容易保養，還具有防水防污效果，營造出淡雅的水泥質感牆面。

📢 注意事項

1. 樂土本身已經是透氣塗料，表面不建議再上任何的塗料，如果真的要上，建議上水泥漆。
2. 塗抹完樂土後，至少要有 7 天養護期，必須定時噴水養護。

塗抹樂土的壁面，以海綿和菜瓜布來作暈染，讓壁面呈現藝術效果。

圖片提供＿森木人文空間設計

109

方法 2
後製清水模，
勾勒空間質樸面容

連工帶料費用

約 **NT.9,000 ～ 10,000** 元／坪

約 **NT.1,800 ～ 2,500** 元／平方公尺

（各工班計價方式有所不同）

↗ 對應工法

清水模以清水混凝土工法建造，呈現出的細膩、原始水泥色澤與美感，漸漸深受人們喜愛。但清水模製作困難且昂貴，市面上也因此出現後製清水模工法，用清水模專用材料搭配師傅手工技術在原本牆面上施工，以後製手法來模擬夾板灌漿後的脫模效果。

後製清水模的施工隨著工班的不同而有些差異，但工法上大致會先用噴漆或塗抹方式上底漆，並磨過表面來保持光滑平整，接著畫出線條間距並黏貼紙膠帶，確認好壁面和天花板接點該如何銜接，然後以不鏽鋼鏝刀、不鏽鋼刮刀、滾輪、菜瓜布或海綿來塑造出板模或木紋的效果。選用的灰色塗料其實有非常多種灰階可選擇，可依據喜好或空間調性調配水泥色階，因為做工費時，費用也較高。

📢 注意事項

1. 每一層都需要用砂紙（320 目～ 600 目）砂磨過，才會有表面粗糙感。
2. 最後上一道透明漆保護表層，日後清潔跟油漆一樣，只需要擦拭表面即可。

方法 3
仿水泥替代材質
更好施工

仿清水模磁磚

約 **NT.9,000 ～ 12,000** 元／坪

清水模壁紙

約 **NT.數百～數千** 元不等

↗ 對應工法

希望牆面呈現出水泥質感，不一定要選擇塗料施作，市面上還有許多仿清水模磁磚、或以超擬真印刷技術做出水泥質感的壁紙可供挑選，相較塗料後製清水模質感的繁瑣工序，施工速度、難度相對較低。不過，挑選這類仿真材料還是要注意仿真度的問題，否則不僅無法為空間塑造靜謐氛圍，還可能顯得毫無品味。

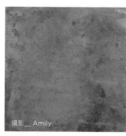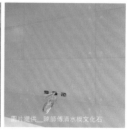

攝影＿Amily　　　　　圖片提供＿除師傅清水模文化石

（左）如今，薄板磁磚能以先進的印刷技術模擬水泥的花紋與肌理，也不會產生水泥粉光龜裂等問題。（右）若清水模壁紙選擇不慎，對空間質感沒有加分作用。

圖片提供＿弄木人文空間設計

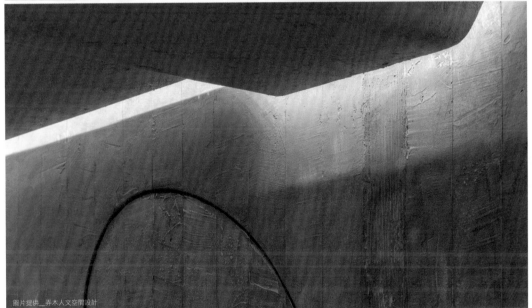

圖片提供＿弄木人文空間設計

（左）施工時，師傅先以噴漆方式加砂紙粗磨，來讓表面保持光滑平整面。（右、下）以紙膠帶訂出間距後，搭配工具跟海綿層層堆疊出仿水泥板模的痕跡。

清水模，原汁原味呈現混凝土粗曠紋理

連工帶料費用，約 **NT.百萬**元起

🔧 對應工法

傳統的清水模，是以清水混凝土工法建造。與一般水泥建築不同之處在於，一般混凝土經過灌漿澆置、硬固等程序，拆模後仍然會做外部塗裝或裝飾，而清水模則是開模就完工，保留混凝土自然呈現的姿態。也因如此，清水模施作過程非常嚴謹，考驗的是施工團隊的經驗與能力，一次即決定成敗。從混凝土中，水泥、細砂、石子與水等原料的調配比例、震盪攪拌、模板監控到一次灌澆都必須一氣呵成，一旦過程中斷或出了點差錯，就會影響最終建築

的表現，進而出現不平整、鏽斑、露筋等破損。由於清水模工法繁雜，造價自然也不菲。

一般而言，室內裝潢較難以清水混凝土工法製造出清水模牆面效果，那是因為若在原有牆面上再重新灌漿，勢必會增加厚度，壓縮整個空間的評效。而施工不易、價格高昂的缺點，讓室內設計多以後製清水模、清水模磚、壁紙或塗料等方式表現相似質感。

圖片提供＿陳師傅清水模文化石

後製清水模也能仿清水模的螺栓孔或溝縫效果，且省下好幾倍的工程費用與一半以上的工程時間。

---情境---

預算不夠，僅以水泥來做壁面和地板打底，如何呈現水泥的魅力？

方法1
水泥粉光地板通用在任何空間

連工帶料費用
約 **NT.2,500～4,000**元／坪

⚒ 對應工法

很具人文氣息的水泥粉光地板，最大問題就是會龜裂，對喜好自然紋路的人來說，反而因此多了人文味。如果不在意龜裂又喜歡水泥質感，那麼水泥粉光確實是不錯的選擇。工法上分成粗胚打底跟表面粉光兩層，底層的粗胚打底，再用過篩過的水泥砂漿抹在地上，以鏝刀修飾。因為是手工修飾，無法完全做到平整程度，但也因此讓水泥粉光施工完後具獨特的魅力。

📢 注意事項

1. 工法上如果夠扎實，可以讓龜裂不至於太誇張，重點在於水泥和砂的混拌比例是否準確。
2. 水泥地需要養護時間，建議拉得愈長愈好，長達一個月也行，也可以降低未來的龜裂。

水泥因應不同的用途會有不同的施作方式，若是地坪使用水泥粉光則應注意砂漿顆粒是否夠細，以免影響質感。

圖片提供＿本晴設計

圖片提供＿本晴設計

以水泥粉光製作的牆面顯得渾然天成。

方法2
水泥粉光壁面，
帶來一種寂靜氣息

連工帶料費用

約 NT.6,000 ～
8,000 元／坪

➚ 對應工法

通常會先將原始牆面打到見底，以粗胚打底至少 1.5 公分，然後靜置乾燥一段時間，再上細膩的粉光層，粉光厚度大多是 0.5 公分，太薄容易破，太厚容易龜裂，厚度拿捏通常是師傅看現場狀況調整。粉光面會感覺比較細緻，是因為使用篩過的砂，市面上現在也有販售調配好的粉光泥砂，屬於比例調和已經處理過的建材，可以減少現場調配時間，有些師傅也會偏好購買調配好的粉光砂，尤其有施工時間壓力時。

📢 注意事項

1. 水泥的表面有孔洞，通常會建議表層上一些保護漆料，比較不容易髒污。
2. 表層即使做了粉光，質感依然略帶粗糙感，不會太細緻。

方法 3

粉光樂土外牆，讓建築物外觀多些粗獷

連工帶料費用

約 **NT.6,000 ～ 8,000** 元／坪

⚒ 對應工法

外牆施作水泥粉光，需注意未來防水性。施工時必須先將原本的混擬土裸露面作一個整平處理，然後漆上樂土外牆專用漆料，最後在表層上防水漆。一層樂土一層防水漆的動作重複 2 ～ 3 次，靜置一週後再上粉光面或水泥漆，讓外牆保有防水性和自然粗獷質感。不過粉光後的壁面，要定時灑水養護至少1～2週時間，減少未來龜裂發生。

📢 注意事項

1. 不貼磁磚，僅以水泥為建材的外牆，要將防水工程做好，不然很容易發生滲水。
2. 舊有的漆膜和防水層必須清除乾淨，建議清除完表層後以清水清洗壁面，等待完全乾燥後才施工。

圖片提供＿Jenny

去除表面的漆面和防水層，再以清水清洗外牆後才能施工，是確保樂土和水泥能完整黏附。

PART 3

石材裝飾

石材無疑是國人常用的裝潢建材之一，挑選石材時可依使用的位置來決定，例如大理石材本身有毛細孔、容易吃色變質，一般多會用在公共空間；戶外或是外觀則使用耐候、質地硬的花崗石。一般上，整塊原石經工廠切割成一片片的石材（俗稱「大板」），從第一片到最後一片的花色表現都會略有差異。採購時最好能由經驗豐富的人去挑選，選擇好的石材行與加工廠也很重要。撇除報價踏實的優點，專家也最熟悉石材的特性，可協助設計師或屋主判斷這塊石頭用在哪裡、該選用怎樣的加工方式才能達到怎樣的效果。

01 石材裝飾：獨一無二之石，創造絕無僅有空間質感

- 石材妝點呈現自然粗獷的風格
- 天然石材的替代材料
- 重現舊有老屋元素
- 石材美容方案
- 文化石裝飾牆面

石材裝飾

獨一無二之石，創造絕無僅有空間質感

石材，不僅帶有特殊紋理，能帶給空間不同催化效果，更能隨著光線折射角度不同帶出別具風味的視覺享受，即便是同一場域，都可因早晚光影差異而略有變化；加上其沈穩、大器，一直以來都是新屋豪宅裝潢要素，但隨著石材施作工法多樣化，諸多替代材施工穩定提升後，中古屋翻新也漸漸出現較多石材裝飾需求。不論是選擇不同石材、仿石材，或是施作面積佔比都會直接相對影響整體裝修預算比，建議粗估整體裝潢中兩成佔比，坊間多半石材都以一才（**30X30公分**）計算，但若是加工、代工佔比重的話，皆會產生額外工錢，此處必須確實掌握是以師傅工錢計算，或者是一樣一才多少元計費，以免結算時產生誤差。

👉 材料費用一覽表

種類	特色	計價方式
大理石	天然紋理，視覺效果氣勢滂礡，作為電視牆很容易吸引目光焦點，且花紋豐富、耐用，平時僅需用水擦拭即可，並兼具防火性，但需避免硬物刮傷，加上天然石材也存在孔隙吸水困擾，加上大片面積費用較高，也不好入手。	約NT.1,200～4,500元／才
花崗石	硬度高，加工性好，不論是切、鑽洞都沒問題，也就代表了某種程度較不容易藏汙垢板塊厚重，適合做在地坪，不容易有變形問題，但長度不長，若做地坪一定會有接縫困擾。	約NT.5,500～13,000元／坪
抿石子	實屬泥作手法，以石材顆粒大小分別，小的細緻簡約合適禪風、大的則有粗獷自然風情，且隨著時間演進、觸摸時間累積，更顯光滑。但畢竟有縫隙，在潮濕型氣候的台灣，必須注意防沒問題。	連工帶料約NT.2,500～3,500元／坪
洗石子	當泥水跟石料混合後的塗料塗上圖面後，待七分乾就用水沖洗掉縫隙中多餘的水泥已顯現出石粒的立體感，但施工時需留意排水措施，加上縫隙較深容易積灰塵，建議做在外部或是易清潔之處為佳。	連工帶料約NT.2,500～4,000元／坪

種類	特色	計價方式
磨石子	興盛於台灣五零年代的工法，引自義大利威尼斯，有別於天然石材改用泥水混合石粒方式製成，防潮此點迎合海島型潮濕氣候，加上夏涼、成本低，作為地坪材料廣受歡迎，但現今施工中打磨的噪音、粉塵、廢水過多，皆造成施作困擾，加上擅長此技法師傅也日漸凋落。	約NT.9,000～12,000元／坪
石材美容	天然石材價格高，但又存有需定期保養問題，因此為了保持其亮度、光澤，需規劃研磨、拋光．晶化處理石材髒污、水斑、皂垢、缺乏光澤等問題。	約NT.3,500元／天 約NT.300～500／坪
文化石	文化石分為天然與人造文化石2種，天然文化石開採於自然礦區，主要以板岩、砂岩、石英岩等加工後製成建材；人造文化石則以矽鈣、樹脂、石膏等材料製成，價格較天然文化石便宜。文化石隨著顏色、排列方式的不同，能呈現工業風、鄉村風等風格。	約NT.2,400～2,600元／平方公尺

家中重新裝修想要呈現自然粗獷的風格展現，
不知道可選哪些區域局部選擇石材妝點？

方法1
局部牆面使用天然石材，展現獨一無二的氣勢感

連工帶料費用
約 NT.385 ～
3,165元／才

🔧 **對應工法**

地面鋪設大理石可能會產生保養上的困擾，若希望家中可用天然大理石創造氣勢，可從牆面著手，除了常見的電視牆面外，現下也十分常見將整片大理石運用在沙發背牆，或是餐廳區牆面；以沙發背牆來說，豐富的紋理、溫潤的質感可直接取代過往牆面上的掛畫，創造空間內沈穩效果。

首先進行牆面基層處理，去除浮土、浮灰，並確認平整後塗上防潮層；而後依據現場或是選用石材不同而選擇以下三種不同的施工方式：

(1) 採用專用白鐵鐵絲做基礎，將大理石以專用釘槍打入鐵釘固定大理石。
(2) 利用蝴蝶扣一邊扣住大理石、一邊扣住牆面，再採用特殊螺絲將兩者相互鎖緊。
(3) 木作為基底，再以環氧樹酯 AB 膠進行大理石黏貼工作。

📢 **注意事項**

壁面施工時，需留意結合點是否確實，不管是採黏著式還是五金方式結合，再施工前都需再三確認重量支撐性是否足夠。

（左）此案客廳、書房是男主人的展示台，黑、白、灰三色配上天然大理石的紋理，成為視覺的焦點。（右）客廳背牆運用天然大理石，透過不同大小、長寬裁切創造空間線條感，加上特殊塗料更能產生拼貼效果。

圖片提供＿二三設計 23Design　　　　圖片提供＿二三設計 23Design

YANMEI 岩美建築的桃園辦公室，在玄關處利用天然大理石展現之紋理，猶如走進一幅山水畫作之中。

圖片提供＿二三設計 23Design

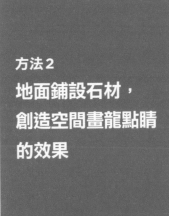

方法 2
地面鋪設石材，創造空間畫龍點睛的效果

連工帶料費用
約 **NT.385 ～ 3,165**元／才

對應工法

若擔心大理石地面，相對拋英磚更注重保養，必須每兩年重新拋光保養，否則因為傢具移動、人員來往走動，都容易產生霧化，建議為了往後便利性，避免大面積鋪設地面大理石石材。可在玄關區空間小面積鋪設大理石，不僅可創造返家後的心情轉折，更能提升家中裝修格調。

室內地面一般採用「軟底乾式」施工方式，當地面做完水平測量後，和進行拋光石英磚的施工方式沒有太多區別，都需先鋪上厚度約 5 公分左右的水泥砂，調整好地坪高度後，表層澆水泥水，之後再鋪上石材，再抓好平整度即可。也有可能採用易膠泥工法，會請泥作師傅事先先用泥作法將地板整平，待乾後，再用易膠泥團貼石材。

注意事項

1. 容易吃色，例如紅酒不慎潑灑到地面，都會影響到色澤。
2. 因為施工工法問題，水泥漿的黏著力較差，空心膨拱機率較高，在挑選施工師傅上講求技術，必須慎選。
3. 慎選水泥與砂，避免此兩種物品中有過多雜質，以免因為化學性變化產生漬斑。

方法 3

**單一區域使用，
做出完整風格**

連工帶料費用

約 **NT.735 ～
5,500** 元／才

↗ **對應工法**

欲在空間內創造出石材所帶來的溫潤感，其實能在舒緩身心靈的衛浴空間著手，舉例來說，浴室的泡澡池就是不錯的選擇，除了大理石外，更建議選用摩氏硬度值較高的花崗岩施作，不僅耐酸鹼，耐磨，就保養上更容易上手。此外，若家中規劃有中島廚房的話，也推薦可在檯面選擇紋路深、耐刮的大理石，不過由於檯面經常需要處理食材，若選用白色石材容易上在使用一段時間後造成吃色困擾，因此建議還是以深色石材為主。

做法上，不論是中島廚房還是浴室泡澡池，都會砌磚做出基座（有些中島是採用木作為基底），線路孔洞位置也一併挖開後，在其上再貼覆石材，可依據所需大小完全貼合牆面，減少清潔死角。黏合材質為環氧樹酯 AB 膠（俗稱的白白膠）或是 MEGAPOXY（成分上比白白膠更牢固的膠，但成本較高）。以泡澡池來說，石材與石材的交接處有平接法、背切45 度方式接合。因應設計師及客戶的需求而有所不同，例如挖洞部分有分、上崁盆洞、下崁盆洞、瓦斯爐洞、電器開關洞，也需要額外收費。

📢 **注意事項**

1. 若是以天然石材製作的泡澡池過大，可能因為保溫效果不佳，無法長時間使用，建議需再加做其他保暖工作。
2. 長期使用後，浴缸的出水口可能會產生皂垢，建議可定期透過石材拋光來保養。
3. 如果交接處需要做圓型特殊加工，R3 ～ R10 美容師傅現場可處理，但如果需要 R10 以上則須加工廠先做處理。

從事科技產業的年輕創業家，以科技未來作為靈感，採用黑色花崗石將衛浴空間打造出黑色魔幻質感。

圖片提供＿二三設計 23Design

圖片提供__二三設計 23Design

圖片提供__二三設計 23Design

（上）金屬美耐板搭配天然大理石砌成的中島餐桌，不僅搭配的天衣無縫，更提升整體質感。（下）中島檯面採用沈穩的天然大理石製作，即便沒做料理時，也能變身空間展示品一般。

天然石材費用太高，超出實際負荷預算，
是否僅能放棄天然自然風格？還是有其他替代材料？

方法1
採用仿石薄磚，
效果不輸天然石材

依據選擇材料不同，
連工帶料費用
約 **NT.2,160** 元起
／坪

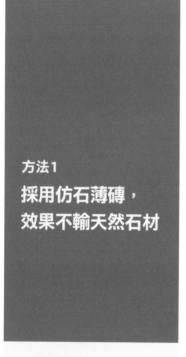

↗ 對應工法

與大理石等天然石材相同，依舊保有石材紋理，兼顧優雅內蘊，取材較容易，而且平、薄，很適合做於背牆或是門板。此外，優於天然石材的是清潔度高，搭配美容縫工法，整體效果保證讓人驚艷。

施作前需精準丈量黏貼區的尺寸，並定位出電源孔、洗手台等需挖孔處，配上薄板專屬切割器材即可現場切割、挖孔，減少送往加工廠的成本以及等待時間；待實際要黏貼之前，需為了往後磁磚的耐用性，確實清潔磁磚背面以及黏著區域，再來依據黏著面材質差異，選用「磁磚黏著劑」或是「矽利康混 AB 膠」其一作為黏著，不僅黏著劑需用成鋸齒狀增加黏力，磁磚的背面也要上膠，利用雙面上膠增加穩固度。貼完之後，再用美容膠填縫，讓薄磚更能產生趨近大理石的紋理。

📢 注意事項

1. 因施工方式不同於一般磁磚，需仰賴專門技巧的師父，加上現在市場「求過於工」，因此施工等待期、費用可能都會相對提升。
2. 面積大、厚度薄，搬運時容易產生破裂，除了保護好四角以外，還需確認好電梯高度、樓梯寬度。

（左）此案黑白兩片大尺寸薄磚，鑲嵌著迷人的肌理，搭配紅色特殊塗料，再次展現義大利風情。（右）牆壁、地面採用進口薄磚，效果近似天然石材，依據選擇的薄磚差異，可能也會有一定價差。

圖片提供＿二三設計 23Design

圖片提供＿二三設計 23Design

圖片提供＿二三設計 23Design

圖片提供＿二三設計 23Design

（左）想要用石材來營造大器氛圍，卻又擔心髒汙易見的話，沙發背牆也能選用美耐板。（右）除了石紋之外，美耐板的紋路有各種選擇，像是仿金屬紋路，跟石紋相搭配，質感也能往上提升。

方法 2
採用仿石板材，
表面光滑好清潔

僅材料費用，
灰岩大理石石速板

約 **NT.10,000** 元起
／4X8尺

白月光美耐板

約 **NT.1,520** 元起／
4X8尺

🔨 對應工法

一般來說，現今多採用石速板、美耐板兩種板材營造仿石紋質感；前者不僅可以創造仿大理石紋，且紋路清晰，顏色均勻，視覺效果極佳，通常可用來製作在牆面，或是地坪，加上其成分中含有天然石粉，可以展現極佳的紋理質地，更易清潔，質量更僅有天然石的五分之一，相當受到歡迎。後者一仿石材美耐板可說是現今裝修寵兒，配上工班細膩作法的話，看起來和石材幾無差別，加上其耐髒、耐磨特性，其實很推薦運用在餐桌上，不怕食材翻倒造成吃色問題。

施工面來說，石速板施工前，必須先確實牆面或是黏貼面平整無污，否則強行貼材的話，可能會產生凹凸面，而影響接縫的平整性。若板材需要進行彎曲、折角的話，在背板開槽後，噴火加溫即可彎，黏貼時則會預留縫隙時可添加同色填縫劑。而美耐板的施工也相同，黏貼強力膠時除了要注意讓膠均勻展開外，也要注意無塵，以免黏貼時造成貼面凹凸不平。

📢 注意事項

1. 石速板黏貼時切記勿使用太棒膠，因其乾後會產生硬化而有膨脹問題。
2. 美耐板的轉角處容易呈現黑邊，若要避免可事先與設計師進行良善溝通。

方法3

特殊塗料搭配工法創造特色質感

連工帶料費用

約 NT.2,000 ～ 10,000元／坪

（上）採用真正的大理石費用可能過高，加上保養不易，故現今坊間推出許多特殊塗料，不但環保還兼具視覺效果。（下）仿石皮特殊塗料，材質是從火山中提煉，透過師傅鏝刀與滾輪技術、一層層將造型堆疊，最後再塗上介面劑，呈現出石牆的粗糙感。

🔧 對應工法

由天然礦物中取出標稱惰性材料如大理石粉等製成的義大利環保塗料，不僅沒有石材龜裂問題，更能夠自然調節濕氣、抗酸鹼，配合不同材料，可以營造出金屬質感、清水模感、立體感都不是問題。而且不論是牆面或是地坪皆能使用，如果想在家中呈現假山假水，也不是問題！

特殊塗料相較起一般油漆需要更多道塗漆工序，一般來說，想要製作出仿石材效果，需先利用木作做出基底，再搭配上師父的鏝刀技術才能打造出視覺立體感，若非特殊需求也可選用現成模板，以降低時間成本。普遍來說，一天左右即能完工，若是有特殊需求，則須上漆、等待、上蠟形成保護膜，可能需花四天左右時間完成。

📣 注意事項

1. 因有木作與漆料施工時間，需精準計算工期，以免延宕完工時間。
2. 具有耐擦洗、耐刮特性，遇到不小心沾附污漬時可採用中性清潔劑清洗。

圖片提供＿二三設計 23Design

圖片提供＿二三設計 23Design

---情境---

老屋翻修屋內想要重現舊有老屋元素，請問有哪些復刻作法，抑或新材料可以選擇？

方法1
重現過往磨石子技法，原味重現

連工帶料費用

約NT.500 ～
1,000元／平方米

✏ 對應工法

時光走回五六十年代，記憶中奶奶家的磨石子地板，耐濕又容易乾，每到夏天總是喜歡躺在上頭小憩一會，其實不僅是地面，此當時用碎石子、水泥、石粉混合而則的原料，可粉刷，也可灌漿，所以牆面也可見，只是多半用於地面，因為採灌漿方式製成，無接縫，還不會有熱脹冷縮問題，成為一時風潮。

工法更有諸多變化像是「洗」、「磨」、「抿」，因應不同工法，可選擇不同石材大小。以工法而論，抿石子和磨石子前期大約相同，皆是採用泥水、石粒攪拌均勻後以抹刀厚塗於施作面，抿石子工法等到七分乾用海綿擦掉表面水泥，全乾後又抿洗表面，完整去除水泥，可在空間中的浴缸復刻此法。磨石子工法則是厚塗後帶硬化約三天，再用類似水磨方式多次打磨石頭，再拋光上蠟，可在室內地板復刻此作法。

📢 注意事項

1. 磨石子工法施工時粉塵多，易有環境污染。
2. 若是已有水泥粉刷，必須先打毛才能進行，以免有石粒無法黏附。

磨石子為居家注入復古感。

圖片提供＿執見設計

方法2
選用義大利水磨石，局部妝點保留老屋風情

連工帶料費用

約 **NT.80,000 ～ 85,000**元／坪

↗ 對應工法

有別於以往的磨石子工法有環保疑慮，加上高度仰賴師傅技法，現今喜好老屋風情，或是北歐風格的裝修都會選用義大利水磨石取代，花色種類豐富，一片約 250 公分 X140 公分 X2 公分，面積大，可裁切，常利用於商空的地面、牆面，現今住家也有許多設計利用於中島廚房台面，或是玄關地面。

起緣於 15 世紀的義大利，工人因為價錢考量，放棄大理石改將大理石碎片、玻璃渣、石英石等材料拌入水泥，成為一種帶有紋路的地磚。

施作方式以選用預製水磨石為主，依據設計圖進行裁切後，再進行拋光、打磨，表面經過密封固蠟劑處理後，即可提高防滲力，時間快、價格低，接受度極高。

📣 注意事項

1. 水磨石施工難度低，但完工後有近一個月的養護期，若希望快點入住的話，需謹慎考慮。
2. 磚體內還是有縫隙，若是不小心傾倒紅酒等吃色物品，較難清潔。
3. 水磨石半年就需打磨保養，會產生不可小覷的保養費。

中島廚房採用義大利水磨石，不僅保有老物元素，又與北歐風情相互搭調。

圖片提供＿二三設計 23Design
圖片提供＿二三設計 23Design

圖片提供＿鉅程設計

圖片提供＿鉅程設計

水磨石磁磚有細緻的視覺效果，兼具古典美感及經濟實惠。

方法3
造型圖樣磁磚，
達到相同視覺效果

連工帶料費用
約 **NT.3,000 ～**
6,000元／坪

🔧 對應工法

水磨石磁磚跟一般拋光石英磚的地磚施作方式原則上並無太多差異，多半採用硬底施工，指得是先測量出水平基準線，再用鏝刀抹上水泥砂漿，等到全乾後再用水泥漿黏上磁磚，一般夏天約 2 到 3 天即可。但若是冬天施作的話，濕度高、水氣蒸發慢，所以建議等到一週後再鋪磚，以免底部龜裂，而導致磁磚空心現象。所謂的水泥漿，就是將水泥、乾砂、水以一定比例混合，有些師傅為了增加黏著性，會在水泥漿中加入易黏膠，但因易黏膠較水泥漿快乾，適合小面積施作時使用，以免想要微調磁磚間間隙時已經乾掉而難以施作。

若是師傅採用軟底施作法的話，指得是把水泥漿鋪完後，直接貼磁磚，雖然施作速度快，但附著力差，且高度仰賴師傅技術，建議可改用易黏膠較好，以免未來產生膨拱問題。

📢 注意事項

1. 使用水泥砂的話一定要等全乾才能施作，以避免未來磁磚空心現象發生。
2. 使用易黏膠的話，不論壁面或是地面都需請泥作師傅先整平。

購買中古屋後，發現天然石地面、牆面黯淡無光，請問要選用哪些石材美容方案？

方法1
花崗岩膠縫處理

連工帶料費用
約 **NT.3,500**元／天

🔧 對應工法

當天然石用久後一定會產生變色、無光澤，又或者是原先填縫處開始產生脫落等問題，進而造成石材看來有點死氣沉沉，這時候其實不見得要更換石材，僅需要選擇適當處理方式，即可讓石材看來煥然一新，像是石材美容研磨翻新、石材無縫處理、石材保養等等。舉例來談，花崗岩硬度高，卻不耐磨，故一般若家中的天然石是花崗岩的話，會建議使用膠縫方式美容，顧名思義就是採用石材專用膠調配出相近色進行填補，施作步驟大致是清理縫隙、調色補膠，接著等待硬化後再刮除整平。若是單一牆面的話，大約僅需半天工作時間即可完工。而後清潔保養部分，可用沾水後微濕的抹擦拭即可，不需要用任何清潔劑。

📢 注意事項

1. 施工完畢後盡量保持一天以內勿觸摸，以便讓石材背後的膠確實乾燥。
2. 事前確實溝通收費方式，坊間也有以量計價，而非以師傅出工計算。

雖可修補縫隙，肉眼看來光滑，但用手觸摸一樣能感受到縫隙，且膠面有霧面感。

圖片提供＿顥來石材

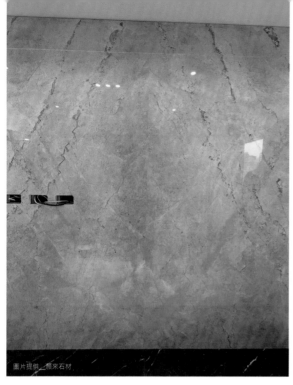

圖片提供＿顯來石材

大理石電視牆最常進行無縫處理，可讓視覺效果看來更顯得有氣勢。

方法2
大理石無縫水磨，重現光彩亮度

連工帶料費用
約 **NT.3,500**元／天

🔨 對應工法

石材翻新方法多樣，所謂因材施教，選擇翻新前必須先掌握密度、抗蝕等問題，再確認合適方式。普遍來說，為了延長石材的使用壽命，建議定期進行養護，才能避免出現龜裂、失光等困擾。

施作方式跟膠縫處理大同小異，而影響最終效果的是在於收尾處的「研磨」動作！首先師傅會將石材縫填入現場調製的近似色後，再將表面經過水磨加速熱量散發減少石材傷害，達到石材平整晶亮有如一面鏡子般的光澤效果。雖說此技術已是坊間盛行，但依據師傅手法不同，成果上還是有所差距，需要仔細評估。

📢 注意事項

1. 有些廠商依據石材美容困難度收費，各家差異極大，需事前仔細詢問。
2. 石材無縫並非完全沒縫，根據石材花樣、成分都會有些許影響。

想利用文化石裝飾牆面。

方法1
文化石為牆面
打造靈魂

連工帶料費用
約 NT.2,400 ～
2,600元／平方公尺

✎ 對應工法

文化石依照加工方式，可分為將板岩、石英石等天然石材加工製成的，以及採矽鈣、石膏、樹脂等成分製成的 2 種。用於磚牆裝飾時，主要可呈現出磚型以及岩型的樣式。

無論是哪種材質的文化石，施作的必要條件為牆面一定要夠粗糙，文化石的附著度才會好。若是已經上漆或水泥牆面，須先經過打毛程序，讓牆面有凹凸不平的樣子，否則一旦漆面剝落，文化石磚也會隨著脫落。接著，在牆面標出水平記號線，再以益膠泥為主要黏著劑，依序貼上文化石。如果是貼在木板牆面，則建議要先釘上細龜甲網，再以水泥膠著牢固結合。若有轉角需求，可以選擇轉角磚、切 45 度角、長邊互相覆蓋等方式收邊處理。文化石牆全部貼好後，建議等 24 小時再來進行填縫，避免殘留水氣影響日後呈現。

📢 注意事項

文化石施作前，水電管路打鑿要先完成，並在有插座、開關的地方預留位置。

（左）深紅色基調的文化石非常適合工業風的呈現，也可以塑造出懷舊復古的氛圍。（右）以北歐風來說，通常會以白色或淺灰文化石作單面牆設計。

圖片提供＿陳師傅清水模文化石

圖片提供＿陳師傅清水模文化石

攝影＿王正毅

圖片提供＿陳師傅清水模文化石

（左）改用文化石壁紙，不僅能創造磚牆質感，也省下貼磚費用。（右）一些市售文化石泡棉雖然便宜，但真實感低，無法比擬真正的文化石質感，選購時還是要注意仿真度問題。

方法 2
文化史壁紙、泡棉省下貼磚費用

壁紙
約 NT. 數百〜數千
元／坪（依品牌、仿真度有所不同）

泡棉壁貼
約 NT. 數十〜數百
元／入（依品牌、仿真度有所不同）

🔧 對應工法

表面粗糙，帶有自然時間感的文化石磚牆，施工時間較長，日後維護也有難度，因而也有人會選擇以壁紙、泡棉壁貼等方式替代。這類替代材質施工簡單，也不需要像文化石需要貼磚，整體而言更省時省力，一些擬真型極高的文化石壁紙更能摸擬表面觸感，雖然仍不能完全替代真正文化石磚牆質感，但也具有相當逼真效果。使用壁紙時，通常會有幅寬限制，施工拼接時建議注重壁紙圖案是否有對花，盡可能讓成品不要有接線，保持視覺的完整性。

📢 注意事項

壁紙張貼工程應在工地清潔工程後，才請師傅進場，避免現場粉塵與碎屑的干擾。

PART 4

玻璃裝飾

在建築裝潢工程中，玻璃是一種被廣泛應用的建材，幾乎所有建築物都一定會用到玻璃。隨著技術演進，過去主要作為透明門窗夾層材料的玻璃，藉由各種不同加工方式，安全性大幅提升，視覺上也迴異於以往認知的傳統印象。如今，玻璃作為裝飾素材，能替空間營造出時尚、現代感等不同空間風格。要提醒的是，玻璃的運用，收邊與黏著牢固最為重要，不僅是基於安全考量，同時也關乎視覺美感，因此收邊或固定動作是否確實，甚至於黏著劑的選擇，都是玻璃工程中不可忽視的重要細節。

01 玻璃裝飾：光影絢爛的玻璃視覺妝點

• 用藝術玻璃製造視覺美觀

• 玻璃磚牆增加採光

• 裁切玻璃斜邊與光邊處理

04-1▶

玻璃裝飾

光影絢爛的玻璃視覺妝點

因應小宅生活，都市密集樓房的現代居處狀態，能夠達到部分隔間效果，又兼具採光的玻璃材料，近年來更是廣泛被大量運用，不論是新成屋、中古屋翻修都可能運用，費用佔比依據採用範圍不同而有所差異，但約佔整體裝潢費用一成左右，建議施作前可先找好喜好的玻璃範例圖片，以便溝通，若能先對玻璃種類有所認知的話，更能加速選材以及價位溝通。

👉 材料費用一覽表

種類	特色	計價方式
夾紗玻璃	玻璃中夾入紗、宣紙，或者畫作，透過高溫烘烤，讓薄膜產生黏性，即使不慎撞到也不會碎裂在外，增加運用在室內空間的安全性。而透過內夾物品不同，光影下能產生的效果也大有差距。	5＋5mm連工帶料約NT.650元／才
霧面玻璃	就是俗稱的噴砂玻璃，霧面效果可以達到保有私人空間的私密感，但同時也不會降低空間內光線，好清潔、不容易有髒污，依舊可在施作時選擇強化、膠合或是複層的加工。	mm強化＋霧面＋不沾手連工帶料約NT.250元／才
壓花玻璃	以圓形雕刻壓在玻璃表面上使得表面產生不同大小且立體的紋路，可達到較好的遮蔽效果，但依舊透光，隔屏、拉門都常使用。	連工帶料約NT.95～250元／才 進口及特殊花紋價位另計
玻璃磚	依據其內材質可分成實心塊磚、或是如盒子一般的中空磚，防水、防火，又好清潔，許多老屋裝修時若有小部分牆面想填補，考慮透光性都會選玻璃磚。新成屋的玄關、隔間也多有利用，而且色澤選擇多，可創造不同空間氛圍。	19×19mm霧透玻璃磚約NT.180元／片，純材料 19×19mm彩色玻璃磚約NT.650元／片，純材料

---情境---

新家想在玄關處採用藝術玻璃製造視覺美觀，有什麼作法可以推薦？

方法1
特色花紋夾紗玻璃

連工帶料費用
約 **NT.400 ～ 600**元／才

🔧 對應工法

顧名思義，夾紗玻璃就是將兩層清玻璃中夾入紗、麻、棉、宣紙等素材，創造空間中玻璃視覺特色，又兼具採光特色。而且玻璃透過膠合，即便破碎也會破在黏膜中，增加了使用安全性，通常可運用在屏風、隔間中使用。想要製造出更多不同特色效果的話可以利用客製化內層，不僅花樣多、花色也可以變化，甚至是夾入照片、畫作也都不是問題，一般來說，製作工期約在一週內可以完成。

📢 注意事項

花色建議不要選擇過細，以免產生變形問題。

方法2
印刷或貼膜玻璃施工速度快

連工帶料費用
約 **NT.400 ～ 500**元／才

🔧 對應工法

採用膠合玻璃概念製作，現今已兼顧有諸多花色，而且施工速度快，大約兩三天即可完工，更耐濕，成為許多室內空間的裝修選材之一，不論是金屬、石材或者是裝飾玻璃的蝕刻玻璃紋路都可藉此完成。製作方式通常是選用現有材料，亦或是想要的圖像選擇好之後，可利用數碼印刷方式製作，因為玻璃不會吸附油墨，透過使用熱處理的融熔液體（墨粉）或 UV 固化工藝（油墨），才能附著在材料上。

📢 注意事項

因為是印刷，因為顏色飽和度可能不太充足。可能還有未來用久後會掉色的問題。

鍍膜玻璃或是漸層玻璃的選擇極多，且費用不高，許多辦公室空間或是居家都會局部採用。

圖片提供＿永富玻璃國際有限公司　圖片提供＿永富玻璃國際有限公司

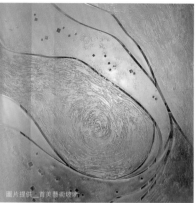

（左）除了兩面皆可觀賞的玄關藝術玻璃外，也可製作在電視牆上採用單面繪製的手法。（右）利用抽象線條概念修改，可以創造看不膩的效果，曾有業主直接用小孩的吹畫為基準修整。

方法3
量身訂製
浮雕彩繪玻璃

連工帶料費用
約 **NT.1,500 ～**
2,500元／才

🔧 對應工法

普遍來說，彩繪玻璃大都運用在居家空間中的隔屏拉門、廚房拉門，或是玄關櫃體上，欲製作前必須確認實際擺放位置與使用面積大小，接著再進行選圖，不論是現代風、歐式風情、古典，甚至是經典藝術畫作圖樣都能成為裝飾玻璃的視覺焦點，不論是選擇已有圖案，或者是想要特製圖樣，都需重新依據施作部位微調圖案，因此，若想在圖樣上修改顏色、加入金箔，甚至細微改圖都沒問題。待確認完圖樣、玻璃製作完成後，即可因應現場框架了解如何置放安裝玻璃，整體製作與施工過程約兩週工作天，若在選圖、或修改過程中耗費較多時間的話，完工時間又會更晚。

📣 注意事項

1. 油漆完、清潔完再安裝玻璃比較適合。
2. 若欲做成有如國外教堂的全彩玻璃的話，費用會較高，約 NT.3,000 元／才。

情境

新家裝潢想要玻璃磚牆增加採光，哪些地方適合使用？

方法1
利用水泥砂漿填縫做隔間

連工帶料費用
約 NT.20,000 ～ 25,000元

🔧 對應工法

其實在歐美，甚至是日本都很常見玻璃磚牆用於室內裝潢，反觀台灣則比較常見於戶外空間。近年來，因為設計師廣泛運用緣故，常能看到建築外牆、玄關，或者是浴室採用玻璃磚牆，不僅美觀、透光，還兼具隔音效果。一般來說，為了讓玻璃磚牆有漂亮的垂直線，會採用鋼筋補強，並用十字架固定，若採用水泥砂漿填縫得話，不見得要請專門師傅，泥作師傅一樣可以施工，此時可用角料固定，一樣可以能夠有完美的直線。施作上不論採用哪種黏劑，黏貼時每層都會有固定夾片，等到施作完乾了之後，去除夾片、刮除多於黏著劑後用鐵絲清理溝縫、再補上填縫劑，最後美化用海綿鏝刀處理，乾淨的布清潔表面。

📢 注意事項

1. 因為水泥砂漿有熱脹冷縮的問題，可能填縫時可用矽利康或填縫劑加強。
2. 專門師傅報價高，若想降低價格，可以請材料商單進磚，再請泥作師傅施作。

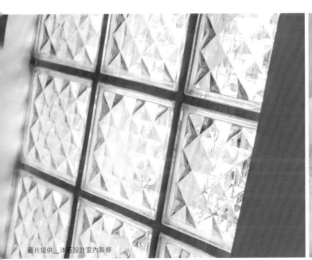
圖片提供＿沐石設計室內裝修

圖片提供＿沐石設計室內裝修

玻璃磚牆為居室創造明亮感。

圖片提供__樂活輕裝修

除了採用單色玻璃磚外，與花紋玻璃磚相互搭配也能有不同的光影效果。

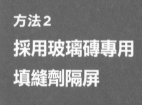

方法2
採用玻璃磚專用
填縫劑隔屏

連工帶料費用
約 NT.33,000 ～
36,000 元

🔧 對應工法

玻璃磚一般載重不高，建議不要高於三公尺，而為了穩固，建議做成玄關牆或是簡易隔間的話，需在底座砌上水泥或是金屬框架，一般來說若是做於衛浴的玻璃磚牆，須先鋪設好地面磁磚與牆面。再者，採用玻璃磚專用填縫劑已有較佳防水性，但建議還是可在縫隙處再上一層矽利康。選料上若是一般透明玻璃磚，都是採用兩片玻璃熱焊做成，內部中空，但單色實心磚，顧名思義，內部非中空，光影效果更好，不過價格也更高。

📢 注意事項

施工完畢後需等徹底固化，大約可以放置 7 ～ 10 天再做清潔即可。

情境

工班師傅裁切玻璃後，問說要不要做斜邊處理，光邊跟斜邊在視覺美化上有麼不同呢？

方法1
預防割傷所運用的光邊處理

5mm 厚玻璃連工帶料費用

約 **NT.20 ～ 30** 元／尺

🔨 對應工法

光邊處理，通常都是玻璃出廠後一定會處理的部分，因為切割之後邊角都很鋒利，一不小心觸碰到都有可能會流血，但經過光邊處理後，就變得光滑且不容易割手，也就是坊間可能聽過的「倒角」。由上可知，其實光邊跟視覺美化並無太大關聯，因為玻璃邊角幾乎都會再黏膠材，或者是至放入框架內，同理，其實要是玻璃面並不會與人體直接接觸，例如玻璃隔間所用玻璃，或者是廚房牆面或使用的烤漆玻璃，也不見得要加做光邊處理。但相較起掃邊、細邊來說的話，細部觀看有做光邊處理的玻璃面依舊看來比較平整，且帶有微微光亮。

📢 注意事項

光邊處理也分成粗磨或者是水磨，建議可事先詢問，畢竟也有價差。

方法2
各種角度不同的斜邊都有不同光影效果

5mm 厚玻璃連工帶料費用

約 **NT.30 ～ 50** 元／尺

🔨 對應工法

所謂斜邊指得是把玻璃四周表面磨斜，可以依據業主喜好決定不同斜度，一般分為三分斜邊、五分斜邊，磨過的斜面再配合光邊處理，通常就會因應斜面接受更多光照而有折射，因此產生有如鑽石切邊的效果且更加立體，通常會用於較外顯的玻璃裝飾，如鏡子、櫃面。依據玻璃選料不同，會些許影響收費與備料期，一般清玻璃約 2 ～ 3 天，若是膠合玻璃又有開孔，備料期則會延長一到兩天。

Chapter 3

機能工程

你要先知道的 3 件事

1 舉凡櫃體收納、餐廚、衛浴設備等,都是機能工程的一份子。一間房子機能是否完善,唯有居住者才能最直接感受到,裝潢前的構想階段,就要開始為自己建立清楚的空間機能設定,經過嚴密規劃的話,即使是小坪數空間也能發揮出高坪效。

2 三人小家庭與三代同堂的住宅需求和機能性截然不同。建議裝潢前,以居住者為考量,比如說:家庭成員有誰?每個人對空間的需求?在收納、衛浴、餐廚使用情況、家人生活習慣與假日共同活動等方面有何需求?一項項列出來後,重新檢視思考,有什麼部分是可以簡化的?有什麼地方的機能能夠合併?哪一個部分被省略不會造成影響的,再來討論做最後的定案。若空間有限,不妨朝著多重機能性下手,有些小坪數空間,就會將同一空間當作餐廳與書房使用,選購餐桌椅就要有多重考量。

3 規劃空間機能時候,儘可能多思考不同情境下的需求,設法滿足,才能讓居家能應對更多狀況。在新型冠狀病毒肺炎(COVID-19)肆虐期間,全球各地許多地區紛紛轉為居家上班或遠端上課,當食、衣、住、育、樂、辦公都要在家時,朝夕相處才發現自宅空間可能有許多機能不足的地方,建議多方設想,才能讓居家機能到位且彈性運用。

PART 1　櫃體

PART 2　餐廚

PART 3　衛浴

PART 4　其他機能

櫃體

選擇空間中的收納櫃體配置時，一定會提到木作櫃與系統櫃。能依照需求量身訂做的木作櫃造型樣式變化性較高，能讓室內畸零地等空間有效利用，但現場加工時會產生大量粉塵與甲醛，品質也取決於師傅手藝。而系統櫃優點為材質較健康環保，裁切製作過程都在工廠內，在工程案場僅組裝與收邊，因此施工快速、現場不易產生汙染，但取而代之造型無法像木作能做出流線等變化，結構強度也較弱。許多人誤以為系統櫃會比木作櫃來得便宜，但嚴格來說，兩者如果五金使用的等級相似，仍要視櫃體複雜程度而決定。木作櫃與系統櫃各有優缺點，並沒有孰優孰劣的分別，建議針對自己的需求來選擇。

01 櫃體：用料與複雜程度影響價格

- 希望可以有充足的櫃體設計
- 想保留中古屋櫃子但擔心風格不搭

櫃體

用料與複雜程度影響價格

櫃體費用會因尺寸、材質、造型和五金種類產生落差,尤其五金品牌眾多,價差甚至可以是好幾倍。以櫃子門片加上百葉或線板為例,一面百葉工資大約落在 NT.1,000 ～ 2,000 ／尺左右,材料則是還要另計。此外,單從櫃體桶身來看,系統櫃每尺單價會比木作櫃來得便宜,若是相同造型、使用五金也都一致的情況下,系統櫃確實比較省錢,且日後搬家還能繼續使用,不過提醒仍有安裝費、拆卸費與搬運費用,若拆裝費過高,便不符合節省目的,建議事前最好審慎評估。

👉 系統櫃材料費用一覽表

種類	特色	計價方式
塑合板	由木材碎片、刨花等廢料壓製而成,從剖面處可清楚看見明顯的木料顆粒。無法加熱塑型做出曲面,因此不適用於造型多變的門片,而是做為桶身(櫃子主體)、層板使用。甲醛含量低,且多符合相關規範。	約NT.130～185元／才

👉 木作櫃材料費用一覽表

種類	特色	計價方式
木芯板	上下外層為3mm 的合板,中央是木條拼接而成。由於主要構成為實木,因此木心板耐重力佳、結構紮實,五金接合處也不易損壞,具有不易變形優點。價錢較高,是室內裝修主要材料之一。	約NT.650～1,200元／視尺寸有不同高低價位(4尺×8尺,厚18mm,柳安木芯板單價約NT.1,000～1,200 元。3尺×7尺,厚18mm,柳安木芯板單價約NT.780～900 元。3尺×6尺,厚18mm,柳安木芯板單價約NT.650～800元。)

👉 常用五金配件費用一覽表

種類	特色	計價方式
把手	每一種把手適合不同厚度的門片,因此挑選款式前,建議先了解櫃體門片厚度,才能找到理想、適合的把手。	約NT.數百元～10萬元／個(依據產地、造型有不同的高低價位)

種類	特色	計價方式
抽屜滑軌	一般常見的滾珠或鋼珠滑軌，多存在於抽屜的側邊，仍是目前裝潢市場上常使用的滑軌設計之一。其中三節形式也較為常見，因為能達到全開，較能輕鬆拿取到內層物品。	約NT.200～2,000元／對
撐桿	廚房櫥櫃、臥室衣櫃規劃上下掀形式櫃體，為的就是在有限環境內爭取足夠的置物空間，除了透過垂直上掀五金、上掀折門五金引導門片做開闔動作外，普遍常見的就是以西德鉸鍊結合撐桿，來作為櫃體門片上下掀開闔的運用。	約NT.300～500元／個
吊衣桿	主要功能提供吊掛衣物之用，分為鎖於櫃體頂板與側板兩種方式，隨各家品牌的設計而有所不同。此外，後期則還有將衣桿結合LED 設計，讓拿取、找尋衣物更為方便。	約NT.300～500元／個
鉸鍊	西德鉸鍊乍看有點像「T」字型，臂身的改良，則是加入彈簧、油壓、緩衝圓棒、緩衝背包等零件，讓門片在閉合時能柔和無聲地自行緩慢關閉。	約NT.200～300元／對
拍門器	無法安裝把手或取手時，會以拍門器代替把手，讓門板彈開。因為需要輕拍、觸碰，才能促使拍門器彈開門板。但拍門器中的彈簧用久了，會出現鬆脫、疲乏情況，因此在使用一段時間後，常出現無法緊密扣合的況，在安裝前，建議要先了解拍門器的特點，再決定是否安裝。	約NT.150～500元／個
折門五金	折門須運用滑軌五金，因此須留意滑軌兩軸間的水平度，一定要在平整的情況下安裝，好讓門片可以平順利地滑入櫃中，若滑軌兩軸間水平度有歪斜，會造成軌道損壞，門片也會無法正常開闔。	約NT.750～15,000 元／組
網籃	常被用於臥房衣櫃、廚房櫥櫃。但廚房常有水氣與油煙，且在拿取、擺放調味罐或鍋碗瓢盆時，調味罐醬汁可能溢灑出來，鍋碗瓢盆也可能尚未乾，帶有濕度。因此，建議選用不鏽鋼材質，較不怕水、也不易腐蝕。	約NT.1,500～2,500元／個
轉盤	轉盤五金能有效解決畸零空間收納，轉盤有承載限制，選用前要留意，可以承受物品的重量，也建議勿堆放過重或體積過大物品，以免影響轉盤轉動。	約NT.3,500～4,500元／組
轉角小怪物	轉角小怪物五金大多被運用在廚房櫥櫃中，因此須留意廚房裡常有氣、油煙，偶爾也會遇調味料醬汁等傾倒溢散出來情況，建議選擇耐酸鹼性較好的金屬材質，或更具防水性的不鏽鋼材質。	約NT.7,000～20,000 元／座

買了新成屋，重視收納機能，希望可以有充足的櫃體設計。

方法1
選用系統櫃，以後搬家還能繼續用

系統櫃桶身

約 **NT.7,000 ～ 8,000**元／尺
（高櫃，依選材不等）

系統櫃桶身

約 **NT.3,500 ～ 4,000**元／尺
（矮櫃，依選材不等）

系統櫃內抽箱

約 **NT.2,500**元／組

系統櫃進口五金滑軌抽屜

約 **NT.2,500**元／抽

系統櫃打型門板1片

約 **NT.1,500 ～ 1,800**元／片（依樣式不等，如為系統櫃打型透空門板 NT.800 ～ 1,000 元／片）

對應工法

系統櫃的板材裁切、鑽孔、封邊都是先在工廠完成，再將加工好的板材、五金運送到工地現場組裝，施工現場較不會有木料屑、殘膠等髒汙，組裝時間則視櫃體數量而定，若為一字型廚房約半天可完成。

注意事項

1. 系統板材區分不同厚度，須依照使用需求選擇適合的板材厚度，例如書櫃的厚度，建議可選 18mm 或 25mm，再加上金屬支撐材加強結構，可避免下垂彎曲變形等問題。
2. 系統板材的鑽孔建議要一次到位，不要在同一個地方重複鑽孔，否則螺絲可能會空轉，導致螺絲與板材的密合度變得更低。

系統板材紋理種類愈來愈多，質感一點也不輸給木作櫃。

圖片提供＿ 寬適空間設計

系統櫃門片進口五金鉸鍊

約 **NT.350**元／組

（1組2顆，一片門裝4顆須為2組）

系統櫃搬工及運費

約 **NT.1,500 ～ 2,500**元／車

（依數量不等）

如無電梯需另補貼樓層搬料工資

櫃體的面材同時運用不同材質的加工，以價格平實的建材為基底，再輔以價高材質點綴，除了增添質感，也能適度降低費用。

攝影＿劉士誠

👍 實際案例試算

以寬 180 公分、高 200 公分、深 60 公分衣櫃為例，門片式設計，衣櫃內部為抽屜 3 抽、吊桿五金 3 桿。寬 180 公分、高 200 公分、深 60 公分 =6 尺 X7 尺 X2 尺衣櫃

試算方式如下：

1. 系統櫃桶身 1 尺約 7,000 元 X6 尺 =42,000 元
2. 系統櫃內抽箱 1 組 2,500 元 X1 組 =2,500 元
3. 系統櫃進口五金滑軌抽屜 1 抽 2,500 元 X3 抽 =7,500 元
4. 系統櫃打型門板 1 片 1,800 元 X2 片 =3,600 元
5. 系統櫃門片進口五金鉸鍊 1 組 2 顆約 350 元 X2 組（一片門裝 4 顆）X4 片門 =2,800 元
6. 系統櫃搬工及運費 1 車約 2,500 元（依數量不等）

合計：約 **60,900 元**

方法2
選用木作櫃，
客製化更強

木作桶身 F1 防蟲波麗板

約 **NT.8,000 ～ 9,000**元／尺

（高櫃，依選材不等）

木作桶身使用 F3 防蟲波麗板

約 **NT.7,000 ～ 8,000**元／尺

（矮櫃，依選材不等）

木作抽屜

約 **NT.1,500**元／抽

（含座式滑軌五金）

木作門片五金用 BLUM 西德鉸鍊

約 **NT.150**元／粒

（依選材不等）

木作表面飾材木皮

約 **NT.3,500 ～ 4,500**元／片

（依選材不等）

木作取手挖孔工資

約 **NT.1,500**元／片

⚒ 對應工法

木作櫃體是板材於現場裁切，然後將板材一一組裝成櫃體桶身、釘好背板，桶身完成後再組裝櫃體裡面的元素，像是抽屜、層板、五金。接下來是合門片，先以角材組出門片骨架，接著利用 2 ～ 3mm 厚的夾板封板，並以重物壓約 3 ～ 4 天，幫助門片定型後再加工。

如果是落地櫃，定位後可以直接固定在牆上，吊櫃的話，會先將角材固定於牆上，再將櫃體固定在角材上。

📢 注意事項

1. 組裝過程中，板材與桶身是否垂直，將影響組裝品質，因此在裁切板材與組裝桶身時，都須利用角尺重複測量是否垂直。或在固定背板前，測量兩條對角線距離是否一致。
2. 櫃體組裝過程中，常因裁切板材而有木屑粉塵，安裝五金時應注意是否確實清除，避免五金因入塵，而造成使用不順暢。

👉 實際案例試算

以寬 180 公分、高 200 公分、深 60 公分衣櫃為例，門片式設計，衣櫃內部為抽屜 3 抽、吊桿五金 3 桿。寬 180 公分、高 200 公分、深 60 公分 =6 尺 X7 尺 X2 尺衣櫃

試算方式如下：

1. 木作桶身使用 F1 防蟲波麗板 1 尺約 8,000 元 X6 尺 =48,000 元
2. 木作抽屜 1 抽加 1500（含進口座式滑軌五金）X3 抽 =4,500 元
3. 木作門片進口五金西德鉸鍊 1 粒約 150 元 X 一片門裝 4 粒 X4 片門 =2,400 元
4. 木作表面飾材木皮 1 片約 4,000 元 X 用量約 3.5 片 =14,000 元
5. 木作取手挖孔工資 1 片門約 1,500 元 X2 個取手 =3,000 元

合計：約 71,900 元

方法3
櫃體用系統，門片用木作，單一使用價位較高

櫃體部分費用

系統櫃桶身1尺

約 **NT.3,500 ～ 4,500**元／尺

（矮櫃，依選材不等）

系統櫃內抽箱

約 **NT.2,500**元／組

系統櫃進口五金滑軌抽屜

約 **NT.2,500**元／抽

系統櫃搬工及運費

約 **NT.1,500 ～ 2,500**元／車

（依選材不等）

門片部分費用

木作門片新作

約 **NT.3,500**元／片

木作門片五金用 BLUM 西德鉸鍊

約 **NT.150**元／粒

（依選材不等）

木作表面飾材木皮

約 **NT.3,500 ～ 4,500**元／片

（依選材不等）

木作取手挖孔工資

約 **NT.1,500**元／片

🔨 對應工法

以矮櫃規劃鞋櫃的收納，一般平底鞋平均 20 公分，可以先確定收納量以估算層板數量。若矮櫃採懸空設計，下方又想擺一雙鞋子的話，底部就要保留至少 20 公分的高度。若需要插電的防潮箱，需要事先告知設計師，配合鑽孔與線路規劃。

📢 注意事項

因橫跨兩種工法，費用相對較高，除非使用數量多，且為統一規格、造型樣式簡單，才會建議用系統搭配木作。

👉 實際案例試算

以寬 180 公分、高 200 公分、深 60 公分衣櫃為例，門片式設計，衣櫃內部為抽屜 3 抽、吊桿五金 3 桿。寬 180 公分、高 200 公分、深 60 公分 = 6 尺 X7 尺 X2 尺衣櫃

試算方式如下：

桶身用系統櫃費用
1. 系統櫃桶身 1 尺約 7,000 元 X6 尺 =42,000 元
2. 系統櫃內抽箱 1 組 2,500 元 X1 組 =2,500 元
3. 系統櫃進口五金滑軌抽屜 1 抽 2,500 元 X3 抽 =7,500 元
4. 系統櫃搬工及運費 1 車約 2,500 元（依數量不等）

小計：約 54,500 元

門片用木作費用
1. 木作門片新作 1 片約 3,500 元 X4 片門 =14,000 元
2. 木作門片進口五金西德鉸鍊 1 粒約 150 元 X 一片門裝 4 粒 X4 片門 =2,400 元
3. 木作表面飾材木皮 1 片約 4,000 元 X 用量約 3.5 片 =14,000 元
4. 木作取手挖孔工資 1 片門約 1,500 元 X2 個取手 =3,000 元

小計：約 33,400 元

桶身用系統櫃約 54,500 元 + 門片用木作約 33,400 元 = 合計：約 87,900 元

中古屋的櫃子狀況還算不錯，想保留櫃子、但又怕跟其他空間風格不搭。

方法1
櫃體狀況佳，再選擇更換門片

木作門片新作

約 **NT.3,500**元／片

木作門片五金用 BLUM 西德鉸鍊

約 **NT.150**元／粒
（依選材不等）

木作表面飾材木皮

約 **NT.3,500 ～ 4,500**元／片
（依選材不等）

木作把手安裝工資

約 **NT.1,200**元／一個五金

🔧 對應工法

1. 單次專趟丈量工資
2. 場外訂製製作備料
3. 成品包裝材及運費
4. 進場環境保護
5. 舊物件拆卸及搬運清運工資
6. 安裝施工及收拾現場整理結案

📢 注意事項

必須先評估舊櫃體的狀況，若桶身本身已受潮或局部變形，不建議保留，另外，新的五金也不見得能鎖在舊櫃體上，這些都是變動因素。

👉 實際案例試算

以寬 115 公分、高 176 公分、深 60 公分衣櫃為例，若僅更換門片。
寬 115 公分、高 176 公分、深 60 公分 =4 尺 X6 尺 X2 尺衣櫃

試算方式如下：

1. 木作門片新作 1 片約 3,500 元 X3 片門 =10,500 元
2. 木作門片進口五金西德鉸鍊 1 粒約 150 元 X 一片門裝 4 粒 X3 片門 =1,800 元
3. 木作表面飾材木皮 1 片約 4,000 元 X 用量約 1.5 片 =6,000 元
4. 木作把手安裝工資 1 個五金約 1,200 元 X3 個把手 =3,600 元

合計：約 21,900 元

此案屋主為自行發包，考量衣櫃狀況良好才選擇保留，只做更換門片、五金。

攝影＿沈仲達

方法 2
重新貼皮，要留意新舊門片種類

木作門片貼皮工資
約 **NT.1,500**元／片

木作表面飾材木皮
約 **NT.3,500 ～ 4,500**元／片
（依選材不等）

⚒ 對應工法

1. 單次專趟丈量工資
2. 選材及採購備料
3. 進場環境保護
4. 舊物件拆卸飾材或直貼修飾施工
5. 收拾現場整理及簡單清潔
6. 產生施工垃圾清運結案

📣 注意事項

1. 必須先評估舊櫃體的材質跟新門片顏色、風格是否能吻合。
2. 門片重新貼皮得根據舊門片跟後續加工新門片的材質評估，如果舊門片是美耐板可先用藥水洗掉再貼美耐板，且不會有 R 角包覆問題，但像是鋼琴烤漆就會有 R 角問題，必須使用熱繃方式處理。

👉 實際案例試算

以寬 115 公分、高 176 公分、深 60 公分衣櫃為例，若僅更換門片。
寬 115 公分、高 176 公分、深 60 公分衣櫃 =4 尺 X6 尺 X2 尺衣櫃

試算方式如下：

1. 木作門片貼皮工資 1 片約 1,500 元 X3 片門 =4,500 元（上項金額工法仍需視門片造型及損壞程度調整）
2. 木作表面飾材木皮 1 片約 4,000 元 X 用量約 1.5 片 =6,000 元

合計：約 10,500 元

■ PART 2 ■

餐廚

廚房設備應事先規劃，無論安裝的位置是否安全且符合使用者的需求、動線該如何規劃，都是影響往後使用、進行烹調作業時能否順手流暢的關鍵。常見的廚房配置包含一字型、L 型及中島廚房，無論何者都建議秉持黃金三角動線原則，烹調更順手，掌握「備料、洗滌、烹調」區所構成的三角動線，能縮短走動、拿取食品的時間。廚房工程之所以要事先規劃清楚，是因為大動變更會牽涉到管線位移、泥作和設備的更換費用，一般建議「局部更換」，在不改格局動線的情況下，例如將老舊磁磚換新，就能重新塑造風格。

01 中島：視用途選擇高度

• 中島型廚房的選擇方案

02 廚房磁磚：更換磁磚直貼烤漆玻璃最省錢

• 廚房磁磚太老舊想更換

03 廚房拉門：廚房拉門需考量整體風格

• 保持開放感，必要時也能有所阻隔

※ 本書記載之工法會依現場施工情境而異。
※ 本書價格僅供參考，實際價格會依市場浮動而定。

中島

視用途選擇高度

擁有一個中島型廚房是許多人的夢想，而中島的尺寸取決於廚房面積，亦可當作分隔空間使用。中島型廚房多半為一字型＋中島區，整體造價可能會到約 **NT.20** 萬元左右。

常見的中島長度約為 **1.2** 到 **1.4** 公尺之間，規劃時需留意與靠牆檯面之間的通道，寬度需足夠走動與轉身使用，建議至少有 **90** 至 **130** 公分。中島若設有水槽作為流理台使用，建議高度做到 **87** 公分，切菜洗菜不腰酸。如裝設 **IH** 爐增加烹煮功能，高度建議抓在 **75** 公分左右，使用鍋子高度剛好。若是當作餐桌，**72** 公分是搭配餐椅的理想高度。如果想當成吧檯，高度就要提升至 **95** 至 **115** 公分才能搭配吧台椅。一座中島預算（含水電）約佔廚房預算的 **20**％。

👉 材料費用一覽表

種類	特色	計價方式
人造石	人造石溫度達105℃即可彎曲做造型，且可無縫銜接來配合設計，可塑性高、好清潔、花色種類多，讓人造石成為目前中島檯面的主流材質。但表面耐磨及耐溫性低，且有毛細孔容易吸附顏色，需注意維護保養，加工裁切以木工方式處理。	約 NT.1,200～2,000元／才
不鏽鋼	耐酸鹼好清潔，切菜時能有吸音效果，是專業廚房檯面材質首選。價格與厚度有關，建議選購0.9mm厚度以上與304型號較佳。不鏽鋼表面較易留下刮痕，清潔時應避免使用菜瓜布或粗硬材質。	約NT.1,000～5,000元／才
石英石	石英石採用石粉高溫高壓製成，熔點達1600℃以上，材質堅硬耐磨耐熱。可製造如波紋面、皮紋面及燒陶面等多種表面，加工裁切以石材方式處理。	約NT.1,500～2,500元／才
花崗石	屬於天然石材，硬度大耐磨耐高溫，每片花紋變化都不相同質感佳，但因屬天然石材切割而成會有接縫，容易藏污且有毛細孔會吸附顏色需要養護。	約NT.800～1,500元／才
賽麗石	以94％的天然石英為主要成份，加上飽和樹脂與礦物顏料等成分製成，硬度高，耐刮耐磨耐熱，且添加抗菌成分可抑制細菌生長。需避免局部過熱與大力敲擊拼接位置，有許多仿冒品肉眼無法辨識，購買時要認清合格標章。	約NT.2,500～4,500元／才

種類	特色	計價方式
美耐板	以木芯板或塑合板作為基材，表層覆蓋美耐板層而成。表層堅硬好清理，花色多價格親民，相較石材或不鏽鋼不抗潮濕，受潮後會膨脹，使用在廚房時最好加裝防潮板，不耐酸鹼，清潔只需使用濕布或中性清潔劑即可。	約NT.500～1,000元／才
馬賽克	馬賽克磁磚不吸水，好清理，耐油污，防火防潮，適用於鄉村風或拼花風格，但溝縫多容易卡髒，硬度不夠，重擊敲打容易損壞。	約NT.800～12,000元／才
微水泥	近幾年在歐洲快速興起的表面裝飾材料，主要成分是水泥、水性樹脂與石英等。強度高、厚度薄、防水性強，可無縫施工，同時應用於地面與牆面可達到一體化效果。	約NT.350～500元／才

情境

想要有一個中島廚房，我有哪些選擇？

方法1
標準型增加工作檯面

以長90公分、寬150公分、高90公分為例，費用

約 **NT.35,000 ～ 50,000**元／座

🔨 對應工法

中島是利用系統櫃板材加上不同材質的檯面組合而成，選定檯面尺寸大小與板材質地後，待廚房貼磚等工序完成再進場組裝。單純平面島檯不需特別留水電，主要由木結構撐起重量而不是靠石材接合，若是檯面材質較重，需加上不鏽鋼結構來加強支撐力。

📢 注意事項

1. 腳座要確實固定以免傾倒。
2. 廚房規劃通常有最佳三角動線，也就是爐具、水槽和冰箱組成三角形會是最佳動線，像是冰箱不要離水槽太遠，中島設置的位置可以依據「黃金三角動線」來規劃。
3. 如果中島上方設有吊櫃，高度不宜過高，一般與視線同高落在以 1.5 ～ 1.6 公尺之間。
4. 若中古屋裝修希望裝設中島，可將隔間牆體切除一半做為櫃體使用。

圖片提供＿魏禾室內裝修設計工程

融合櫃體功能的中島，能增加收納空間。

方法2
融合餐櫥功能
增加收納空間

以長90公分、寬150
公分、高90公分為例，
費用

約 NT.65,000 ～
80,000元／座

🔧 對應工法

可依照使用習慣與需求，規劃中島下方餐櫥的
收納方式，選擇開放式或櫃門式，層板式或抽
屜式。選定檯面材質大小與餐櫥材質、面板材
質後，待料件進場組裝，最好以 L 型鐵件將櫃
體與地面鎖附加強固定。

📢 注意事項

1. 中島櫃體深度多半為 60 公分，若空間許可
   最好加到 80 公分以上，讓前後兩側都能有
   置物空間，會比單側好使用。
2. 若有空間考量，橫推式拉門較外掀門板節省
   空間。
3. 中島前側櫃體深度達 50 ～ 60 公分且置物
   數量多時，設計成抽屜取物會更輕鬆。

方法 3
結合洗滌槽和爐灶台

以長90公分、寬150公分、高90公分為例，費用

約 NT.90,000 ～ 110,000元／座

🔨 對應工法

若中島設有水槽和 IH 爐會直接影響裝修前期的水電改造，記得施工前要預留電源與排水管，若非毛胚屋能預留管線位置，或想節省泥作工程費用，可將該區墊高收納管線，若非全區墊高則需注意櫃體會變矮。選定檯面材質大小、水槽材質與 IH 爐款式後，待料件進場組裝，最好以 L 型鐵件將櫃體與地面鎖附加強固定，並開水測試洩水速度與排水狀況。

📢 注意事項

1. 可先列出日後可能添購的電器用品先預留插座。
2. 抽油煙機與爐具需垂直對齊，兩者高度相距為 65 ～ 75 公分，不宜過低。
3. 瓦斯開關不要設在櫃體或電器後方。

含洗滌槽的中島可增加廚房工作面積。

圖片提供＿幾禾室內裝修設計工程

159

廚房磁磚

更換磁磚直貼烤漆玻璃最省錢

牆磚以抗油汙、耐擦洗、光面為基本條件，使用亮光釉面磚清潔上比啞光釉面磚更容易。要塑造廚房乾淨整潔感，顏色以明亮色調為佳，若非坪數很大不推薦使用深色，會讓空間顯得壓迫，也盡量不要選擇表面有凹凸感的磁磚，不利擦洗也容易藏污納垢。若選擇花磚，拼貼時以點綴為主，過多會眼花撩亂。磁磚的尺寸考量廚房的大小，建議為 36X60 公分、60X60 公分或是 50X100 公分。更換磁磚的費用約佔廚房預算的 10%。

👍 材料費用一覽表

種類	特色	計價方式
施釉石英磚	利用數位噴墨印刷技術，在磚體表面製造石材感或復古元素的紋路，可抗酸、抗鹼。	約NT.1,500～6,000元／坪
釉面磚	表面經由釉料高溫燒製而成，依據原料不同又可分為陶質釉面磚與瓷質釉面磚，表面可做出豐富的色彩與圖案變化，且抗汙力、防滑效果好，缺點是因表面為釉料，耐磨度較差。	約NT.1,200～5,000元／坪
馬賽克磚	屬於體積最小的磁磚種類，不滲水、不易破碎，其色彩、花樣、組合靈活性高，經常運用在浴室及廚房牆面作為裝飾性壁材，但溝槽多不易清理。	約NT.150～500元／才
烤漆玻璃	烤漆玻璃也稱為背漆玻璃，是將清玻璃背面噴上一層有色環保漆，經過強化爐高溫烘烤再風乾定色的玻璃。其色彩種類選擇多、表面光滑不透光，抗污耐高溫，價格親民。但無法二次加工，安裝前須預留孔洞，不耐尖銳物撞擊，破裂需整片更換。	約NT.250～500元／才

┌─ 情境 ─────────────────────────┐

廚房磁磚太老舊想更換。

└────────────────────────────────┘

方法1
拆除磁磚貼新磁磚

工錢＋泥作材料、不含磁磚費用

約 NT.3,000 ～ 5,000元／坪

⚒ 對應工法

只需剔除表層到磁磚層，不需剔除到結構層（不用看到紅磚），若僅更換磁磚不需特別做防水處理，磁磚剔除後與磁磚鋪設工法相同，重新水泥砂漿打底就可以鋪設磁磚，塗抹溝縫收尾即可。

📢 注意事項

如果有膨拱，需剔除到底層砂漿層，重新施作泥作工程根除病灶。

選擇拆除舊磁磚貼新磁磚，會形成拆除及泥作費用，工時也更長。

圖片提供＿幾禾室內裝修設計工程

攝影＿沈仲達

廚房爐台前方牆面貼烤漆玻璃方便清潔。

方法2
不拆磁磚，直接貼烤漆玻璃或其他材質如牆板

連工帶料費用
約 **NT.350～500**元／才

🔧 對應工法

面對中古屋廚房大部分是用磁磚鋪陳，若改由烤漆玻璃附蓋上去，一來可以省去拆除磁磚的費用，二來除非是用特殊玻璃，不然一般玻璃建材費用是比磁磚便宜的，施工上的費用也比較低。做法上先丈量尺寸，選擇烤漆玻璃樣式後訂料，建議選擇 5mm 以上厚度的強化玻璃。材料到場後，用矽利康黏貼在原有磁磚上收邊即可，漆面無斑駁脫落的情況下是不會脫落的，只要確認好壁面尺寸，其安裝方便又兼具耐磨、耐高溫和易清潔的特性，適合有快速裝修需求的人。

📢 注意事項

底層的磁磚需平整，若有凹凸要先補平，用水泥即可。

02-3▶

廚房拉門

廚房拉門需考量整體風格

為了讓空間更大，現在的廚房設計大多採開放式。為了隔廚房油煙，又沒有傳統隔間牆與門片搭配，可以選擇用玻璃拉門。廚房拉門可創造半開放感覺，需考慮整體風格來選擇材質與門框。收納門片的牆壁要與門片大小一致，若想隱藏拉門，可做前後櫃體將門片藏起並增加收納空間。推拉式拉門的天花板材質與承重力、地板是否平整是考慮重點，規劃時記得預留所有門片收納的厚度空間，可在拉門上加裝隔音條加強隔音效果。拉門以才為計價單位，費用約佔廚房預算的 **5%**。

👉 **材料費用一覽表**

種類	特色	計價方式
噴砂玻璃	噴砂玻璃表面霧粒狀，形成霧面質感，以此軟化光線調和室內空間，具良好的遮蔽性，但保養不易，容易浮現水漬或殘留手印及油脂痕跡，建議選用經防污或無指紋處理的噴砂玻璃。	約NT.150～350元／才
銀霞玻璃	銀霞玻璃屬花板玻璃一種，將花紋滾壓在玻璃的表面形成模糊的光影，具有透光不透視的效果。	約NT.150～400元／才
夾紗玻璃	夾紗玻璃是在兩片3～5mm的清玻璃間夾進一層紗狀物質，常見素材有紗、麻、棉、宣紙等，透過膠合技術，即使玻璃破碎也會黏於薄膜。其穿透性佳又有霧化遮蔽效果，通常會比一般玻璃厚，需注意溝槽厚度是否適當。	約NT.350～500元／才

想做廚房拉門保持廚房開放感，必要時也能阻隔油煙。

方法1
玻璃種類
創造空間風格

噴砂玻璃
約 **NT.150 ～ 350** 元／才

銀霞玻璃
約 **NT.150 ～ 400** 元／才

夾紗玻璃
約 **NT.350 ～ 500** 元／才

⚒ 對應工法

玻璃佔拉門大部分面積，也是讓空間顯出清透與變化的要角，清透玻璃拉門可讓小空間更開闊，或使用一清一霧的玻璃創造隱蔽性。門片較大可選擇磨砂玻璃，可霧化視線又能讓光線穿透，運用茶玻、黑玻則可呼應特定廚具顏色。若家中有老人小孩，製作時儘可能將玻璃小塊分割或者增加框架比例，降低碰撞與受傷機率。

📢 注意事項

1. 建議拉門做吊軌，因為地軌容易卡東西，導致門開合時會不順，若家裡有小寶寶或是老人，也容易被軌道絆倒，但仍須考慮天花板材質與承重能力。
2. 因應房子的樓底高度而決定拉門的長高，一般以 190 公分到 210 公分為標準。

玻璃材質與門框形式需考慮整體風格。

圖片提供＿機禾室內裝修設計工程

廚房拉門可創造半開放的感覺。

圖片提供＿幾禾室內裝修設計工程

方法2
框架形式與門片材質畫龍點睛

鋁框
約 NT.350 ～ 800元／才

木框
約 NT.800 ～ 2,500元／才

鐵框
約 NT.1,000 ～ 3,500元／才

🔨 對應工法

框架選擇有木材、鐵件與鋁框三種選擇，若框條有 8 公分以上建議以木工處理，細線條則以鐵件做搭配，鋁框相較其他兩種材質較為輕巧。選擇拉門款式與材質前要先了解整體裝潢風格，格窗繁複需注意整體設計以免過於凌亂，隱藏式拉門則適合小空間。廚房拉門的門片數量應以 3 片為上限，拉門活動方式分為連動及非連動兩種，連動式拉門適用於 3 個門片或以上的款式，看起來較為流暢。裝設方式為先安裝框架，再加裝拉門軌道及門片最後收邊與安裝配件。

📢 注意事項

1. 拉門靠五金運作，推拉時放輕力道、常用潤滑油保養，可延長拉門使用壽命。
2. 測量拉門所需寬度時，必須要在最高點與最低點各量一次，因為有時候牆壁不一定完全垂直，可能會有幾公分的誤差。
3. 拉門的理想寬度以較短處為準，最好跟牆面預留約 1 公分的距離。

■ PART 3 ■

衛浴

衛浴設備的挑選，等到裝潢後期再來挑也不遲？不對！無論是面盆、馬桶、浴缸、淋浴設備等，在裝潢初期就應該要有想法，是否要有浴缸？是否要做乾濕分離？都會影響到空間大小的需求與配置，應好好審視個人喜好與需求來決定。對於衛浴而言，不論是哪一種施工，都會牽扯到「水」的處理，冷、熱給水、排水口徑、管道距離等基礎要打好，浴廁排水、防水更是重中之重，一定要做到位，漏水才不會來。

01 浴室防水：防水施作層層疊加，打底需有耐心
- 重新施作防水工程

02 浴缸：視空間大小，選擇嵌入式或獨立式浴缸
- 想在浴室內裝設浴缸

03 乾濕分離：浴室面積決定乾濕分離隔間形式
- 想在浴室內施作乾濕分離

04 浴室防滑：防滑磚注意止滑係數，才能保障效果
- 希望地板能有防滑效果
- 加裝防滑輔助工具

※ 本書記載之工法會依現場施工情境而異。
※ 本書價格僅供參考，實際價格會依市場浮動而定。

03-1 ▶
浴室防水

防水施作層層疊加，打底需有耐心

防水沒做好，日後漏水引發壁癌等問題，長期還會造成結構體鋼筋或隔間料件的生鏽及爆裂，不只生活不便，影響鄰居不愉快更麻煩，因此是浴室翻修的重要環節。浴室防水屬泥作工程，施工前需注意施工面平整與清潔，以及洩水坡的施作，以地坪約一坪大小的浴室裝修，連工帶料 15 萬元的預算來看，防水工程約占比 6%，計價以坪為單位計算。

👉 材料費用一覽表

種類	特色	計價方式
彈性水泥	以高分子樹脂與混凝土混合而成的水泥材料，價格便宜，施作簡單方便，是CP值高的防水材料。較不適合長期浸泡於水的區域，也不適合直接曝露，完成後表面必須覆蓋磁磚、面漆或水泥壓層，若塗刷不夠細緻會產生縫隙。	約NT.1,200元／坪
壓克力防水塗料	具優良黏著性，耐水抗撕裂，與水泥材質面及後續施作材料的接著性良好。浴室防水使用多做為防水中塗層加強用，價錢較彈性水泥高。	約NT.1,500～2,000元／坪
防裂網	不織布或玻璃纖維材質，貼在牆壁立面與地面接縫處來保護防水層，防止在地震時產生裂縫破壞防水機能。	約NT.150元／坪

─ 情境 ─

浴室想重新施作防水工程。

方法1
彈性水泥搭配壓克力塗料，加強防水力道

僅工錢費用
約 **NT.2,000**
元／坪

↗ 對應工法

浴室牆壁、地面都要做防水，通常從浴室壁面開始再做地板。先將原有地面剔除到結構層，以1：3水泥砂漿打底，等乾後再上防水層。地壁面都要抹2～3次的彈性水泥，需乾透才能形成膜來防水，塗法要薄塗多層，每次為1mm厚度最佳，第一道乾後再上第二道彈泥，兩道方向要有差異，一道直塗另一道就橫塗。打底層與彈性水泥中可用壓克力塗料加強於牆壁地板交接處、角落與落水孔與排水管四周，每道乾燥後才能進行下一道。

浴室若使用輕質隔間牆，應以彈性水泥施作防水層，同時將防裂網貼附於接縫及轉折處，加強彈性水泥防水層的抗裂效果。若為磚牆隔間，工序則是粗胚打底後加彈泥再貼磚。RC混擬土牆的工序是土膏整平後加彈泥，再進行粗胚打底後貼磚。

📢 注意事項

1. 施作前地板的土塊、砂石等都要清除，這樣1：3水泥砂漿打底的附著力會較好。
2. 浴室牆角與地板轉角處易漏水，此處除了使用防裂網加強防水層，再以單液PU發泡劑填縫，附著力比矽利康佳。
3. 防水層要施作前，底材含水率最好8%以下。
4. 馬桶污水管與地排水管周圍容易漏水，可用無收縮水泥於洞口周邊塗抹，加強周邊防滲漏強度。
5. 中古屋或老屋浴室重新整理進行拆除工程時，要注意排水管是否有破損的情況。
6. 不論何種屋齡，浴室地坪皆需施作有洩水坡的硬底。防水塗佈完成後一定要試水，貼浴室地磚不要用騷底施工法貼磚。

7. 矽酸質屬於剛性材料，跟水泥材質搭配才有用，當底漆加強水泥仍要搭配彈性材料如彈泥施作。

8. 排水孔蓋要比防水層略低，若防水層低於孔蓋下緣會造成積水，需確認防水層的水可流入排水孔，避免積水造成日後漏水。

9. 中古屋或老屋若有拆除，進行防水工程前可預開維修孔方便日後維修。

10. 維修孔切開時不能傷到管線跟結構，或廢料掉到管道間造成其他住戶水管破裂漏水，且需注意維修孔密合度，以免日後有沼氣臭味產生。

（左）廁所的淋浴濕區防水，壁面最好施作到 210 公分左右。（右）衛浴防水建議整室重新施作，避免局部裝修只做部分防水，導致防水線交接不密合，日後漏水需要花費更多時間拆除、修補。

圖片提供＿幾禾室內裝修設計工程

圖片提供＿幾禾室內裝修設計工程

O3-2 ▶

浴缸

視空間大小，選擇嵌入式或獨立式浴缸

從安裝方式可分為嵌入式跟獨立式浴缸，行動不便的長者與身障人士也有開門式無障礙浴缸可選擇。嵌入式浴缸可符合大多數浴室狀況，獨立式浴缸則需考慮浴室大小，周邊需留空間方便動線行進與維修清洗，並預先安排是地面出水或壁面出水。嵌入式浴缸底層最好多做一層防水，因浴缸下方排水管卡入排水孔處常是漏水病灶。因浴缸裝設屬浴室前期工程，裝設完畢後需注意保護，勿在浴缸上站立施工或於浴缸邊緣放置重物，以免損壞浴缸。安裝 24 小時後方能使用浴缸，費用約佔裝潢預算 5%（不含水電工程）。

👉 **材料費用一覽表**

種類	特色	計價方式
壓克力浴缸	壓克力浴缸保溫效果佳，價格親民，選擇多樣，輕巧好搬運，但硬度不高表面容易刮傷，用較粗糙的材質清潔可能會刮傷表面。	約NT.5,000～22,000元／座（不含龍頭與安裝）
FRP玻璃纖維浴缸	FRP玻璃纖維浴缸輕巧，搬運安裝方便，價格較壓克力浴缸便宜但也較不耐用，顏色選擇有限，使用久會褪色，容易破裂且保養不易。	約NT.5,000～22,000元／座（不含龍頭與安裝）
陶瓷鑄鐵浴缸	陶瓷鑄鐵非常耐用，保暖性佳，顏色選擇多樣，但重量很重且較難安裝，需考慮樓板承重加強地板結構。	約NT.20,000～100,000元／座（不含龍頭與安裝）
鋼板琺瑯浴缸	鋼板琺瑯是在一體成形的鋼板外層鋪上琺瑯，表面光滑容易整理，色澤美觀保溫效果佳，但不耐碰撞需小心維護。	約NT.50,000～150,000元／座（不含龍頭與安裝）
石材浴缸	可分為人造石與天然石兩種，天然石材浴缸有質感，使用期可長達30年，然而價格不菲、保溫性較低，清理不易。人造石浴缸一般由樹脂、玻璃和鋁粉等原料製成，價位親民，可選款式多，易於清潔，但使用久會變黃，也沒有天然石材或鑄鐵浴缸耐用。	約NT.80,000～300,000元／座（不含龍頭與安裝）

喜歡泡澡，想在浴室內裝設浴缸。

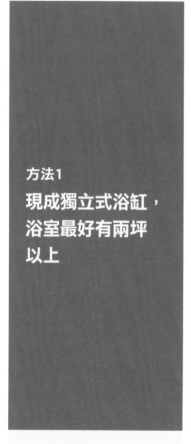

方法1
現成獨立式浴缸，浴室最好有兩坪以上

含水電＋龍頭，連工帶料費用
約 NT.15,000 ～ 35,000元／座

獨立式浴缸安裝較容易、整體的維修程序也會比嵌入式浴缸方便。

🔧 對應工法

先確認給水龍頭是地面或壁面出水與排水位置，獨立式浴缸的排水類似於洗衣機排水管方式，將水管接至排水孔，因此排水孔最好離牆面大於 35 公分以方便日後維修。安裝好龍頭後待磁磚鋪設好，再進行浴缸擺設。帶支架浴缸安裝前應先檢查安放的地面是否平整，然後裝上浴缸腳架及其他配件，將浴缸放到預留位置後，藉助水平尺調整支撐腳螺母直至浴缸水平。

📢 注意事項

1. 先丈量浴室牆面寬及浴室門長寬，以免浴缸進不了浴室。
2. 先想好浴缸位置並確認牆面寬度大於浴缸寬度，如果是方形浴缸則要大於浴缸對角線長度。
3. 角磨機與點焊機的火花不要濺到浴缸，會對釉面造成損傷影響美觀。

圖片提供＿非關設計

圖片提供＿幾禾室內裝修設計工程　圖片提供＿幾禾室內裝修設計工程

（左）浴缸裝設需注意洩水坡與浴缸斜度。（右）嵌入式浴缸結合水電、泥作工程，注意不同工程的銜接，耗時相對較長。

方法 2
嵌入式浴缸
需注意底層防水

含泥作＋龍頭＋水電，
連工帶料費用
約 NT.20,000 ～
40,000元／座

⚒ 對應工法

嵌入式浴缸是將浴缸全部或部分嵌入至檯面中，相較獨立式浴缸進出較輕鬆方便，且所需空間彈性大。施工前先檢視浴室動線與空間大小，確認浴缸躺入後的頭部位置，地面打底做地坪洩水坡，之後全室施作 2 至 3 道防水並在浴池位置加做一次防水，砌出浴缸四周範圍的磚牆並預留維修孔，裝設嵌入式浴缸後將能見面貼覆表面材如磁磚。

📢 注意事項

1. 安裝浴缸前，需先安裝好浴缸排水管等配件並做閉水試驗，以確保溢流管、排水管各處接頭連接牢固緊密，避免使用中出現漏水、滲水的情況。
2. 浴缸排水管最好呈 S 型安裝，可以避免污水倒灌引發的臭味污染。
3. 浴缸有排水口端要稍低，外側則比內側稍低，這樣更有利於排水，避免浴缸內沉積水漬。

乾濕分離

浴室面積決定乾濕分離隔間形式

乾濕分離有安全性、排水孔位置、空間大小等考慮面向，玻璃淋浴拉門材質最好是強化玻璃等級以上，若有噴砂與貼紙等加工面要朝向門外。無框拉門要考慮專業夾具荷重問題，推拉式拉門則以外推式較佳，避免人員昏倒在內無法救援。

裝置乾濕分離前要請專業施工人員留意排水孔位置、地面高低差與洩水坡度，避免淋浴空間不能正常集排水，拉門上方最好預留 10 ～ 15 公分的空間讓空氣流通。浴室面積大小決定了乾濕分離的隔間形式，淋浴空間與面盆、馬桶距離要達到 40 公分以上，這樣動線使用比較舒適，此項工程費用約佔浴室預算的 20%。

👉 **材料費用一覽表**

種類	特色	計價方式
強化玻璃	耐撞擊度高，透明度佳，但本身具一定重量，面積過大時不適合使用。因容易從角落崩裂，要做好固定支撐處理。	約NT.600～800元／才（含五金連工料）
膠合玻璃	兩片以上的玻璃透過中間膜膠合而成，可防爆，隔音好，比較安全。	約NT.700～850元／才（含五金連工料）
BPS板	BPS板為類壓克力材質，價格較低，重量輕好開關，但透明度不夠高，無法於無框式設計使用，耐熱度只有60度C，不耐撞擊。	約NT.300～500元／才（含五金連工料）

情境

想在浴室內施作乾濕分離。

方法1

先選框：
有框式 VS 簡框
VS 無框

以長120公分、寬120
公分、高180公分為例，
費用為
有框式
約 **NT.13,000**元
簡框式
約 **NT.20,000**元
無框式
約 **NT.25,000**元

🔨 對應工法

淋浴拉門分為無框、簡框與有框三種形式。無框式以五金鉸鍊支撐玻璃門，視覺穿透性好易清潔，適合空間小的浴室，但不能施作於一字形隔間。

有框式淋浴拉門則以外框固定 BPS 板或強化玻璃，前者重量輕、好推拉且價格便宜，但透光性略遜強化玻璃且易有異音，空間較小可使用強化玻璃創造視覺放大感。

簡框式結合有框和無框兩種方式的優點，既可擁有無框的明亮穿透感，又可施作不佔內外空間的軌道式推拉法。

施工前需丈量尺寸，決定拉門材質與隔間形式，等浴室磁磚貼好，水龍頭配置完畢後，在壁面與地面裝設鉸鍊五金，或上橫樑與下框架等固定材料與門片，門檻一般制式為 6 公分高。

📢 注意事項

1. 無框式的強化玻璃最好選擇 8mm 以上的厚度較為安全，且周邊以軟性材質包覆達到保護與密合效果。
2. 門板與門板間的止水條要確實密合，驗收時要確認軌道開合是否流暢，也要測試會不會有水滲出門外的情況產生。

（左）橫式平拉門相對來說，門片比較不會佔空間。（右）乾溼分離浴室中，推拉門最為常見。

方法2
選擇拉門：
鉸練式推拉門 VS
橫式平拉門 VS
折拉門

以長120公分、寬120公分、高180公分為例，費用為

鉸鏈式推拉門
約 **NT.5,000**元
橫式推拉門
約 **NT.10,000**元
折拉門
約 **NT.8,000**元

🔧 對應工法

鉸鏈式推拉門最常被使用在強化玻璃的淋浴拉門做外推使用，橫式平拉門則依靠軌道與滑輪五金來移動門片，橫式平拉門分為一字型、一字二門、三門等形式，三門適用於兩牆面寬度大於120公分的狹長型衛浴空間。橫式平拉門因有軌道，縫隙密閉性較差需加裝擋水條，適合需要輪椅進出的無障礙空間使用。折拉門多為60～80公分寬，適合小空間增加進出方便性，若於大空間使用，會因為面積大重力下垂導致開合不順。

📢 注意事項

1. 需留意磁磚的垂直水平度，會影響門片的推拉順暢度。
2. 推拉門外拉易有水滴落，最好搭配腳踏墊使用。

方法 3
選擇隔間形式：
一字型 VS L 型
VS 五角型
VS 圓弧形

以長 120 公分、寬 120 公分、高 180 公分一字型為例，價格比例為 1：1.5（L 型）：1.7（五角型）：1.9（圓弧形）

⚒ 對應工法

浴室形狀與面積影響隔間形式，長方形浴室適合一字型隔間，L 型隔間適合安裝於牆角位置，面積大於兩坪的浴室再考慮施作五角型或圓弧形隔間。

L 型隔間優點為內部空間最大，五角型隔間可完全不影響洗面盆與馬桶的行進動線。

📢 注意事項

1. 中古屋加裝乾濕分離時，要注意排水坡度與排水孔位置是否合適，可用倒水來測試洩水坡度與排水順暢度。
2. 若有拆除浴缸，需注意加強防水。
3. 若中古屋想加裝乾濕分離需更換水龍頭方向，可採明管減少打除費用。

長方形浴室適用一字型乾濕分離隔間。

03-4▶
浴室防滑

防滑磚注意止滑係數，才能保障效果

新成屋浴室多已採用防滑磚，中古屋若有浴室改裝規劃，可考慮選用止滑磚增強安全性。除了一般防滑磚，馬賽克或復古花磚因尺寸較小、溝縫多，也能產生一定程度的止滑效果，並增加浴室整體設計趣味，但需避免單調配色導致無趣感，淺色系磁磚則能讓空間視覺更開闊。防滑磚費用約佔浴室預算 3%，中古屋可用防滑劑或地墊來加強止滑效果，但多有年限或不易維持乾淨等問題。

👉 材料費用一覽表

種類	特色	計價方式
防滑地磚	利用凹凸不平的表面紋理，或是凸起的顆粒狀來提升止滑係數，但此類磁磚會有容易卡垢的問題。選用止滑係數至少有R10來確保止滑效果。	連工帶料約NT.2,500～3,500元／坪
防滑地墊	便宜可自行安裝，拆卸方便，更新不傷結構，但需要常拆開清洗下層地板，不好清潔不美觀，也可能無法完全符合浴室面積。	約NT.1,000～2,500元／坪
防滑劑	可請專人處理或自行施作，原理是以溶劑在地表面形成止滑結構，可根據地板材質不同調配適合的成分。施作後不能研磨打蠟或用硬物刷洗，清潔劑成分也不能含蠟否則會失去作用。防滑劑會剝落，效期各家產品不同，通常約能維持一年以上。	約NT.1,000～2,000元／坪
止滑條（貼片）	可自行在常走動範圍施作，原理是增加表層摩擦力達到局部防滑效果，但易卡霉垢也容易脫落，且地面係數不平均反而造成老人容易跌倒。	約NT.500～1,000元／坪

情境

出於安全考量，希望浴室地板能有防滑效果。

方法1
防滑地磚從根本解決問題

連工帶料費用

約 **NT.2,500 ～ 3,500**元

🔧 對應工法

與磁磚鋪設工法相同，先丈量現場與估價，進場時先送加工廠依據丈量圖面進行裁切，確保尺寸精準度，師傅也可於現場裁切，只是較耗時費工。粗底防水完成後，分別在地坪與磁磚背面抹上糊狀黏漿，確保磁磚與地坪都能充分吃漿增加密合度，用鏝刀抹成鋸齒狀可增加阻力與咬合力道。鋪設完畢後用整平器固定，確保每片磁磚的高低水平相等一致，既美觀也能減少落差翹曲。

磁磚貼完後因間隔有 2 ～ 3mm 的縫隙，一般會使用填縫劑進行填補，填縫劑顏色種類較少且與原磁磚有明顯色差，一般會採用美容填縫工法，利用調色顏料調出與原磁磚相近的顏色，並用打磨的方式將縫隙修平整。

📢 注意事項

1. 選用防滑磚前，可先與廠商確認防滑係數是否有達到使用標準。
2. 台灣目前國家標準 CNS 9737 並無明訂安全防滑的等級，但用於浴室大抵要防滑係數 C.S.R 在 0.55 以上，赤腳時的防滑係數 C.S.R-B 在 0.6 以上。
3. 進口防滑磚可參考美國材料和實驗協會（ASTM）F1679 規範的地坪防滑係數分級，地坪摩擦係數 0.6 以上才是防滑性高、最安全的鋪面材質。
4. 或可參考德國標準化協會（DIN）所制定的防滑係數分級，分為赤腳止滑測試（DIN51097）及穿鞋止滑測試（DIN51130），淋浴間濕區地面採 B 級防滑等級磚已足夠。

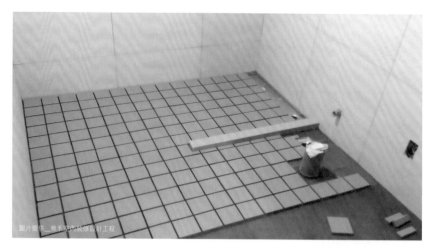

圖片提供＿幾禾設計裝修設計工程

選用小面積磁磚能增加止滑效果。

方法2
自行 DIY，效果上
防滑劑＞防滑地墊
＞防滑條（貼片）

僅材料費用
防滑劑
約 **NT.1,000 ～ 2,000**元／坪
防滑地墊
約 **NT.1,000 ～ 2,500**元／坪
防滑條（貼片）
約 **NT.500 ～ 1,000**元／坪

⚒ 對應工法

若中古屋不想動工程，但為了家庭人員著想，仍然希望增加浴室地板防滑，可以考慮防滑劑、防滑地墊與防滑貼片等可自行 DIY 的產品，防滑劑也有專業廠商可施工。

此類產品施工前都需將浴室地面清潔乾淨並擦乾，在地板乾淨且乾燥的狀態下施工才能發揮最佳效果，此外施作後請依照產品說明，達到靜置時間再使用，以保障防滑效果不打折。

📢 注意事項

1. 防滑地墊需注意浴室內外地面高低差與破口。
2. 施作時要從浴室最裡面開始施作往外，讓行走更方便。
3. 防滑劑若有揮發材質，施作時要注意通風。

情境

想在浴室加裝防滑輔助工具。

方法1
多設輔助把手
方便行進

僅材料費用
約 **NT.1,500 ～ 7,000**元／組

⚒ 對應工法

先選用適合浴室大小與使用習慣的產品，確認使用者的使用高度，最好請使用者實際試一下是否順手再安裝。確認水平垂直的位置後鑽孔，再將把手鎖附固定。

📢 注意事項

1. 此類把手雖可自行安裝，但建議請專業人員施工，因浴室隔間有可能裝設位置為中空，鎖附不牢靠更加危險，請專業人員評估牆面狀況再行施工比較安心。
2. 裝設把手時可考慮行進動線，通常為洗臉台、馬桶與淋浴間附近一併裝設為佳。

方法2
去除門檻

連工帶料費用
約 **NT.3,500 ～ 5,000**元

⚒ 對應工法

浴廁通常會增設門檻防止水流溢出，但多了一個高度，就多了一層安全隱憂，踏進踏出都會有絆倒、滑倒的風險。建議可考慮施工去除門檻或順平壓低。拆除時先以水泥切割刀去除門檻後，再將底層抹平，可鋪設磁磚或直接以水泥粉光填平。

📢 注意事項

切除門檻時要注意美觀收尾。

可以考慮以截水溝取代門檻，把水引至排水處，也能維持地面平整，降低意外發生的可能性。

圖片提供＿幾禾室內裝修設計工程

181

■ PART 4 ■

其他機能

本章選入一般常見但較少討論的機能工程，包括單槓以及旋轉電視牆等。隨著新型冠狀病毒肺炎（COVID-19）影響，居家機能是否全面成為許多使用者關心的議題，若預算有餘加上有需求，可以考慮將更多機能融入生活中，打造更實用的居家空間。

01 其他機能：營造居家生活機能，展現唯我特色

- 想做旋轉電視牆
- 改善樓板隔音問題
- 加裝健身單槓

※ 本書記載之工法會依現場施工情境而異。
※ 本書價格僅供參考，實際價格會依市場浮動而定。

其他機能

營造居家生活機能，展現唯我特色

迎合生活中所需，創造空間中特色機能，展現設計風格外，更能創造特色風情、放大視覺感官。欲達到完善，尤其仰賴過往生活經驗累積，才能適度與設計師溝通並商討，雖說裝修佔比不高，大約僅佔一成五，但卻深刻影響整體風格呈現與未來實用需求。

👍 **材料費用一覽表**

種類	特色	計價方式
旋轉電視牆	利用鐵件支撐電視，屏除隔間區隔，可達到放大坪效的視覺效果，不論是訂製五金，還是選用現成電視架。皆需事先確認線材走向以及包覆，再考慮是否需加做木工，省去木工更能節省成本與施工時間。	訂製五金旋轉電視架約NT.35,000元／座訂製頂天立地旋轉電視架約NT.20,000元／座
樓地板隔音	新大樓多半會在隔音墊直接鋪置於RC樓板以增加上下樓的地板隔音，但舊大樓不僅樓板較不厚，也未多做隔音，後天施工僅能於天花板加裝隔音棉或是聚酯纖維，其中部分材料有違消防法規，需謹慎考量。	約NT.1,600～1,800元／坪
單槓	因應運動風潮抬頭，現今許多人裝修時也希望多準備一個健身室，但考量空間大小，最終僅能放棄，但安裝單槓卻是新興需求，不佔空間，僅需規劃適當位置，即可在家也能活動筋骨，且鐵架價格不高，配合適當保養，一用十來年沒問題，僅需打入實牆較為穩固。	約NT.6,000～8,000元／一工程

---情境---

想打掉一個隔間做成旋轉電視牆，放大客廳和書房的空間感。

方法1
訂製半截旋轉電視架

單價
約 **NT.25,000 ～ 35,000**元／座

🔨 對應工法

現今的壁掛電視五金都已經可以左右調整角度達到約 20 ～ 30 度，所以若非需要 360 度大翻轉，只是需要客餐廳都能看到電視的話，其實一般的壁掛即可搞定。若是小宅想要解放空間坪效，可依據空間訂製頂天立地式的電視架，或是中心旋轉軸、或是旋轉底座，就算外觀看來是有牆面，原則上內部還是有安裝旋轉支架，只是外部再加工木作而已。

工法上需事前選擇好需要的五金，固定好在地板後，再黏貼木地板，或者是請木作施作需要的櫃體即可。

📢 注意事項

1. 天花板若不是實牆的話，必須加裝木心板來鎖螺絲，或著是加裝吊筋。
2. 電視線路、或是任何訊號線、音響線的收納規劃都需預先規劃。

配置斜角組合沙發加上旋轉電視，解決客廳先天深度條件不足的問題。

圖片提供__群漢國際有限公司

（左）旋轉電視架的施工可依據客戶需求進行
客製化服務。（右）含液晶架和開孔，一次
NT.20,000 元即能將居家電視牆面做個全面
更新。

方法2
訂製頂天立地旋轉
電視架

連工帶料費用
約 **NT.20,000**
元／座

🔨 對應工法

想要做旋轉架，其實也不見得要大費周章，選
擇現成的旋轉式電視架，可架設 350 度電視
架，零死角視聽更享受，高度也可以因應空間
大小而量身定做，甚至烤漆顏色更有近百種可
供選擇，可以直接從輕隔間牆面開洞轉旋轉
架。此外，也有頂天立地式款式可選擇，電視
高度可在中柱上調整高低，共計 5 公分 ×5 格，
能滿足各個家庭成員的觀賞角度，施作工期大
約都是兩週，工法也都是固定後再做地板，只
是後者須在天花板打上壁虎，可依據自身需求
加以選擇。

📣 注意事項

1. 每間廠商的做法與價格差異，含周邊線路收
   尾怎麼收都有影響。
2. 不額外做木作的話，線路就是會在電視周
   圍，另找位置擺放其他影視配備，連接電視
   的線路沿著中空旋轉架走，自底部孔出來。
   或是繞著旋轉架轉。

情境

老屋已久,翻修期間想改善樓板隔音問題。

方法1
加做天花板再貼吸音墊與矽酸鈣板

連工帶料費用
約 **NT.9,800 ～ 12,500**元／坪

↗ 對應工法

其實諸多舊式公寓的樓板本就不厚,加上若樓上鄰居不留意地板噪音的話,很有可能影響樓下住戶;一般來說,若家中沒有做天花,一切都是直接裸露,只走明管的話,少了一層包覆當然聲音傳導較清楚,但實際做了天花裝飾,即可減少約百分之三十以上的噪音干擾。

若已經有做天花板,還是苦受干擾,即建議先拆掉原有天花板,再採用用樹脂,強力膠等黏著劑直接填貼吸音墊,待乾之後,接著再進行製作做暗架或木作後,再利用矽酸鈣板封板材。此時在木作封板前也可以加裝單槓鐵件。

📢 注意事項

吸音墊本身不耐燃,在消防法規可能有所顧慮,必須謹慎考量。

若有做天花板,即能減少約百分之三十以上的噪音干擾。

圖片提供＿樂活輕裝修

有運動需求，想在天花板加裝單槓。

方法1
施作天花板並訂製合適空間的鐵件

天花板連工帶料費用
約 NT.3,200 ～ 3,500元／坪

鐵件連工帶料費用
約 NT.6,000 ～ 8,000元／次

🔧 對應工法

在無施作天花板的狀態下，可考慮用平釘方式施作天花板，並在木作封板前量好鐵件可施放位置的長寬並加以訂製，須先確認管徑與可打入實牆的高度，接著安裝完成後在封板（板子事前鑽洞），一般來說天花板通常以 U 型桿為主，若是兩側牆面的話才會考慮一字形單槓。而無論是何種形式的單槓皆需上保護漆，平時以清水擦拭即可。

📢 注意事項

1. 迎合吊單槓需求，單槓上方高度需預留 50 公分寬，若走廊牆面太低就不合宜施打。
2. 安裝單槓一般都是連同裝修較方便施行，較難有僅做單槓的情況。

空間善用天花板的空間安置單槓，讓屋主可在家健身練臂力。

圖片提供＿知域室內設計

施作天花板時最適合一同安排置放單槓，讓休閒機能增添居家空間的豐富性。

圖片提供＿知域室內設計

附
錄

👤 **專業咨詢 · 設計師／廠商資訊**
（依公司名稱筆畫順序排列）

Studio X4 乘四研究所
TEL ｜ 02-2701-0113

二三設計 23Design
TEL ｜ 03-316-5223

今硯空間設計工程
TEL ｜ 02-2783-6128

木易樓梯扶手行
TEL ｜ 0958-600-424

台北設計建材中心
TEL ｜ 02-8791-339

本晴設計 MINA
Email ｜ mina601@gmail.com

永富玻璃國際有限公司
TEL ｜ 03-311-7688

沐石設計室內裝修
TEL ｜ 02-7709-5800

弄木 Nong Mu 人文空間設計
TEL ｜ 07-554-6899

知域室內設計 NorWe Interior Design
TEL ｜ 02-2552-0208

和瀚室內設計
TEL ｜ 02-2701-0116

非關設計
TEL | 02-2784-6006

林淵源建築師事務所
TEL | 02-8931-9777

奇逸空間設計
TEL | 02-2755-7255

首美藝術玻璃
TEL | 02-2594-9922

陳師傅清水模文化石
TEL | 0920-641-014

祥新木業
TEL | 02-2689-5080

夏特爾國際有限公司
TEL | 02-2283-0888

帷圓・定制 circle
TEL | 02-2208-1935

執見設計
TEL | 06-261-0006

幾禾室內裝修設計
TEL | 02-2748-1968

湜湜空間設計
TEL | 02-2749-5490

貿揚地板
TEL | 02-2711-2891

鉅程設計
TEL | 02-2886-7068

福研設計
TEL | 02-2703-0303

群漢國際有限公司
TEL | 0980-383-116

實踐大學推廣教育部室內設計相關
進修課程講師林弈蓁
Email | encylin@gmail.com

實適空間設計
Email | sinsp.design@gmail.com

演拓空間設計
TEL | 02-2766-2589

寬象空間室內裝修
TEL | 02-2631-2267

樂活輕裝修
TEL | 0800-568-088

劉同育空間規劃
TEL | 0932-670-653

螺絲盒個人工作室
TEL | 0937-266-829

馥閣設計
TEL | 02-2325-5019

願來石材
TEL | 02-2990-8430

SOLUTION 133

這樣裝潢，多少錢？
搞懂各種工法和價格，精準分配控制預算

作　者｜漂亮家居編輯部
責任編輯｜黃敬翔
文字編輯｜田瑜萍、曾家鳳、Tina、Aria、Acme、CHENG、Evan、維吉尼
封面 & 版型設計｜Sophia
美術設計｜Sophia、Pearl
編輯助理｜黃以琳
活動企劃｜嚴惠璘

發行人｜何飛鵬
總經理｜李淑霞
社長｜林孟葦
總 編 輯｜張麗寶
副總編輯｜楊宜倩
叢書主編｜許嘉芬
出版｜城邦文化事業股份有限公司 麥浩斯出版
地址｜104 台北市中山區民生東路二段 141 號 8 樓
電話｜02-2500-7578
傳真｜02-2500-1916
E-mail｜cs@myhomelife.com.tw

發行｜英屬蓋曼群島商家庭傳媒股份有限公司城邦分公司
地址｜104 台北市民生東路二段 141 號 2 樓
讀者服務專線｜02-2500-7397；0800-033-866
讀者服務傳真｜02-2578-9337
訂購專線 0800-020-299（週一至週五上午 09:30～12:00；下午 13:30～17:00）
劃撥帳號｜1983-3516
劃撥戶名｜英屬蓋曼群島商家庭傳媒股份有限公司城邦分公司

香港發行｜城邦 (香港) 出版集團有限公司
地址｜香港灣仔駱克道 193 號東超商業中心 1 樓
電話｜852-2508-6231
傳真｜852-2578-9337
電子信箱｜hkcite@biznetvigator.com

馬新發行｜城邦 (馬新) 出版集團 Cite (M) Sdn. Bhd
地址｜41, Jalan Radin Anum, Bandar Baru Sri Petaling,
57000 Kuala Lumpur, Malaysia.
電話｜603-9056-3833
傳真｜603-9057-6622

製　版｜凱林彩印股份有限公司
印　刷｜凱林彩印股份有限公司
版　次｜2021 年 11 月初版一刷
定　價｜新台幣 499 元
Printed in Taiwan　著作權所有‧翻印必究

這樣裝潢，多少錢？搞懂各種工法和價格，精準分
配控制預算 / 漂亮家居編輯部作. -- 初版. -- 臺北
市：城邦文化事業股份有限公司麥浩斯出版：英屬
蓋曼群島商家庭傳媒股份有限公司城邦分公司發行，
2021.11
　　面；　公分. -- (Solution ; 133)
ISBN 978-986-408-751-8(平裝)

1. 施工管理 2. 建築材料 3. 室內設計

441.527　　　　　　　　　110017147